教育部中等职业教育“十二五”国家规划立项教材
中等职业教育中餐烹饪与营养膳食专业系列教材

菜品设计与制作

CAIPIN SHEJI YU ZHIZUO

主　　编　李　增　宋开炳
副主编　胡凯杰　吴　雷　沈　晖
　　　　张　磊　黄佳斌　许　磊
主　　审　周晓燕

重庆大学出版社

内容提要

本书主要介绍了菜品的设计方法，包括菜品设计概论、菜品外观和形状设计、菜品色彩设计、菜品质感设计、菜品味型与调味设计、菜品盘式设计、菜品烹调方法、菜品装饰设计、菜品搭配设计、菜品营养设计等内容。本书浅显易懂、理实一体、实用性强，既可作为中餐烹饪与营养膳食专业中职学生教材，也可作为烹饪从业人员的学习培训用书。

图书在版编目（CIP）数据

菜品设计与制作 / 李增，宋开炳主编. —重庆：重庆大学出版社，2016.1（2022.9重印）
中等职业教育中餐烹饪与营养膳食专业系列教材
ISBN 978-7-5624-9508-6

I.①菜… II.①李… ②宋… III.①烹饪—中等专业学校—教材 IV.①TS972.1

中国版本图书馆CIP数据核字(2015)第244264号

中等职业教育中餐烹饪与营养膳食专业系列教材

菜品设计与制作

主　编　李　增　宋开炳
副主编　胡凯杰　吴　雷　沈　晖
　　　　张　磊　黄佳斌　许　磊
责任编辑：沈　静　　版式设计：沈　静
责任校对：谢　芳　　责任印制：张　策

*

重庆大学出版社出版发行
出版人：饶帮华
社址：重庆市沙坪坝区大学城西路21号
邮编：401331
电话：(023) 88617190　88617185（中小学）
传真：(023) 88617186　88617166
网址：http://www.cqup.com.cn
邮箱：fxk@cqup.com.cn（营销中心）
全国新华书店经销
重庆升光电力印务有限公司印刷

*

开本：787mm×1092mm 1/16　印张：8.75　字数：213千
2016年1月第1版　2022年9月第4次印刷
印数：7 001—9 000
ISBN 978-7-5624-9508-6　定价：39.00元

中等职业教育中餐烹饪与营养膳食专业
国规立项教材主要编写学校

北京市劲松职业高级中学

北京市外事学校

上海市商贸旅游学校

上海市第二轻工业学校

广州市旅游商务职业学校

江苏旅游职业学院

扬州大学旅游烹饪学院

河北师范大学旅游学院

青岛烹饪职业学校

海南省商业学校

宁波市鄞州区古林职业高级中学

云南省通海县职业高级中学

安徽省徽州学校

重庆市旅游学校

重庆市商务高级技工学校

出版说明

2012 年 3 月 19 日，教育部印发了《关于开展中等职业教育专业技能课教材选题立项工作的通知》（教职成司函〔2012〕35 号）。根据通知精神，重庆大学出版社高度重视，认真组织申报，与全国 40 余家职教教材出版基地和有关行业出版社展开了激烈竞争。同年 6 月 18 日，教育部职业教育与成人教育司发函（教职成司函〔2012〕95 号）批准重庆大学出版社立项建设“中等职业教育中餐烹饪与营养膳食专业系列教材”，立项教材经教育部审定后列为中等职业教育“十二五”国家规划教材。这一选题获批立项后，作为国家一级出版社和教育部职教教材出版基地的重庆大学出版社积极协调，统筹安排，主动对接全国餐饮职业教育教学指导委员会（以下简称“全国餐饮行指委”），在作者队伍的组织、主编人选的确定、内容体例的创新、编写进度的安排、书稿质量的把控、内部审稿及排版印刷上认真对待，投入大量精力，扎实有序地推进各项工作。

2013 年 12 月 6—7 日，在全国餐饮行指委的大力支持和指导下，我社面向全国邀请遴选了中餐烹饪与营养膳食专业教学标准制定专家、餐饮行指委委员和委员所在学校的烹饪专家学者、骨干教师，以及餐饮企业专业人士，在重庆召开了“中等职业教育中餐烹饪与营养膳食专业国规立项教材编写会议”，来自全国 15 所学校 30 多名校领导、餐饮行指委委员、专业主任和骨干教师出席了会议，会议依据“中等职业学校中餐烹饪与营养膳食专业教学标准”，商讨确定了 25 种立项教材的书名、主编人选、编写体例、样章、编写要求，以及教学配套电子资源制作等一系列事宜，启动了书稿的编写工作。

2014 年 4 月 25—26 日，为解决立项教材各书编写内容交叉重复、编写样章体例不规范统一、编写理念有偏差等问题，以及为保证本套国规立项教材的编写质量，我社又在北京召开了“中等职业教育中餐烹饪与营养膳食专业系列教材审定会议”，邀请了全国餐饮行指委秘书长桑建、扬州大学旅游与烹饪学院路新国教授、北京联合大学旅游学院副院长王美萍教授和北京外事学校高级教师邓柏庚组成专家组对各书课程标准、编写大纲和初稿进行了认真审定，对内容交叉、重复的教材，在内容、侧重点以及表述方式上作了明确界定，并要求各门课程的知识内容及教学课时，要依据全国餐饮行指委研制、教育部审定的《中等职业学校中餐烹饪与营养膳食专业教学标准》严格执行。会议还决定在出版此套教材之后，将各本教材的《课程标准》汇集出版，以及配套各本教材的电子教学资源，以便各校师生使用。

2014年10月，本套立项教材的书稿按出版计划陆续交到出版社，我社随即安排精干力量对书稿的编辑加工、三审三校、排版印制等全过程出版环节严格把控，精心工作，以保证立项教材出版质量。此套立项教材于2015年5月陆续出版发行。

在本套教材的申请立项、策划、组织和编写过程中，我们得到了教育部职成司的信任，把这一重要任务交给重庆大学出版社，也得到了全国餐饮职业教育教学指导委员会的大力帮助和指导，还得到了桑建秘书长、路新国教授、王美萍教授、邓柏庚老师等众多专家的悉心指导，更得到了各参与学校领导和老师们的大力支持，在此一并表示衷心的感谢！

我们相信此套立项教材的出版会对全国中等职业学校中餐烹饪与营养膳食专业的教学和改革产生积极的影响，也诚恳地希望各校师生、专家和读者多提改进意见，以便我们在今后不断修订完善。

重庆大学出版社

2015 年 5 月

前言

随着餐饮行业的不断发展，人们对餐饮行业的专业素养和技术水平提出了更高的要求。为了培养高素质、高技能的餐饮专业人才，加强中等职业教育中餐烹饪与营养膳食专业建设的重要性显得更加重要。各职业院校都在根据教学标准紧锣密鼓地进行课程改革，努力提高教学质量，而相关教材的编写则是推进课程改革的重要保障。《菜品设计与制作》根据教育部《中等职业学校中餐烹饪与营养膳食专业教学标准》编写，主要适合中等职业学校中餐烹饪与营养膳食专业的学生。

烹饪是文化，烹饪是艺术，烹饪是科学。随着餐饮业的发展和生活水平的提高，人们对菜品的要求越来越高，除了传统的色、香、味、形以外，又增加了营养、意境、器皿等方面的要求，这就要求未来的餐饮工作者需要具备较高的菜品设计能力。本书从菜品外观和形状、色彩、质感、味型与调味、盘式、烹调方法、装饰、搭配、营养等方面介绍菜品的设计方法，采用任务驱动的形式，体现理实一体的原则，内容简明扼要，图文并茂，便于学生阅读思考。

本书的编写历时两年完成，由扬州大学旅游烹饪学院周晓燕院长担任主审，江苏旅游职业学院李增、徐州技师学院宋开炳担任主编，江苏省相城中等专业学校胡凯杰，江苏旅游职业学院吴雷、沈晖，江苏省相城中等专业学校张磊，苏州旅游与财经高等职业技术学校黄佳斌，江苏旅游职业学院许磊担任副主编。本书在编写过程中，参阅了较多烹饪类教材和书籍，在这里不一一列出，谨表示衷心的感谢。

编　者

2015 年 9 月

目录

contents

目 录

contents

项目1
菜品设计概论

项目导学

中国烹饪，历史悠久，内容丰富，技术精湛，绚丽多彩，是千百年来劳动人民创造的宝贵遗产，是祖国的四大国粹之一，是一朵东方美食奇葩。品尝中国菜肴，不仅可以一饱口福，而且可以一饱眼福，得到一种艺术享受。对许多爱好中餐菜品设计的同学来说，能亲手设计出形态美观、色彩鲜艳、味美可口、赏心悦目的精制菜品是我们烹饪专业生涯中最幸福的一项工作。我们将结合味型设计和调味设计进行菜品设计。

学习目标

- 学习完本项目内容后，同学们能掌握菜品设计的概念和作用，了解菜品设计对菜肴能起到的作用。

认知目标

- 通过学习，学生能掌握菜品设计的概念和作用，能理解并分析设计对菜肴实际意义起到的作用，了解其在烹饪运用中的重要性。

技能目标

- 掌握菜肴设计的基本概念和作用。
- 正确的菜品设计思路和原则。
- 了解并正确认知菜肴设计的注意事项。

情感目标

- 学生要有一定的职业素养和职业道德，要有学习理念和专业修养，安全生产，保证食品卫生和个人清洁。
- 同学之间相互协作、沟通，共同完成学习任务。
- 寓教于乐，增加感性认识，增进学习兴趣，开拓进取和创新意识。

任务1　菜品设计的概念和作用

任务情境

烹饪学校的学生陈明毕业后进入一家四星级酒店工作，陈明这周的工作是对新加入酒店的学徒进行基础知识的培训。几天培训后，陈明发现自己对菜品设计的概念和作用理解不够明确，不利于对学徒的培训，需要加强对菜品设计概念和作用的学习。学习后，陈明在培训过程中更加得心应手并且得到了领导和同事的赞许，陈明心里感受到了从未有过的尊重和重视。

同学们，让我们跟着陈明一起来学习菜肴设计的概念和作用吧。

任务要求

学习后我们将可以：

1. 明确菜品设计的概念和作用。
2. 明确菜品的定义。
3. 能正确地说出并理解菜品设计的概念。
4. 能理解菜品设计的作用。
5. 能用自己的方式向同学讲授菜品设计的概念和作用。

任务书

经理给陈明下了培训任务单，让他根据昨天的学习情况安排今天菜品设计概念和作用的课程。如果你是陈明，该怎么做呢?

1. 预读本章相关内容，查找资料。
2. 学生4人1个小组，去图书馆，看一看，查一查。选出并记录与本课程有关的知识。
3. 根据查出的资料提出相应的质疑待上课时提问。
4. 写出计划书。

任务资料

1. 相关知识及参考资料。
2. 查阅资料的过程中，学生学会与人沟通，以及团队的合作精神的培养。

知识准备

1.1.1　菜品设计的概念

菜，名词，我们日常生活中指的“菜”通常是能够提供人们食用的动、植物原料加工、

烹制食物；菜品，指蔬菜、蛋品、鱼、肉等经过烹调供人们食用的美味菜肴。菜品设计一定要适应市场的变化，遵循市场发展规律，进行社会调研，要了解本地区饮食习惯，要懂得消费者需求，综合地对菜品设计进行分析和研究，在原料上进行选择，在烹调方法上进行筛选，在口味上进行确定，与时俱进，不断创新，使菜品设计适合社会发展，符合消费者需求。

1.1.2 烹调

烹调是通过加热和调味，将加工、切配好的烹饪原料熟制成菜肴的操作过程，其包含两个主要内容：一个是烹，另一个是调。烹就是加热，通过加热的方法将烹饪原料制成菜肴；调就是调味，通过调制，使菜肴滋味可口，色泽诱人，形态美观。

1.1.3 加热的传导方式

热传递是改变内能的一种方式，是热从温度高的物体传到温度低的物体，或者从物体的高温部分传到低温部分的过程。也是改变物体内能的方式。热传递是自然界普遍存在的一种自然现象。只要物体之间或同一物体的不同部分之间存在温度差，就会有热传递现象发生，并且将一直继续到温度相同的时候为止。发生热传递的唯一条件是存在温度差，与物体的状态，物体间是否接触都无关。热传递的结果是温差消失，即发生热传递的物体间或物体的不同部分达到相同的温度。

传递的方式有热传导、热对流和热辐射。

1.1.4 设计

最简单的关于设计的定义，就是一种“有目的的创作行为”。

设计指设计师有目标有计划地进行技术性的创作活动。设计的任务不只是为生活和商业服务，同时也伴有艺术性的创作。

1.1.5 菜品设计的作用

①可以达到美观的效果。

②可以使产品更加完美。

③激发创新能力。

④可以吸引产品的购买力。

菜品设计反映着一个时代的经济、技术和文化。由于菜品设计阶段要全面确定整个菜品策略、外观、结构，从而确定整个生产系统的布局，因而菜品设计的意义重大，具有“牵一发而动全局”的重要意义。好的菜品设计，不仅表现在功能上的优越性，而且便于制造，生产成本低，从而使产品的综合竞争力得以增强。许多在市场竞争中占优势的企业都十分注意产品设计的细节，以便设计出具有独特功能的产品，好的菜品设计是站稳市场的基础，是赢得顾客的关键。

任务实施

1. 课前布置任务实施建议

（1）教师解读任务书，布置任务：通过知识准备提供的知识对菜品设计进行定义。

（2）学生阅读任务书及任务资料，对不清楚的部分提问。

（3）分组讨论，合作完成任务，写出计划书（可以自学知识准备，查找资料，询问教师意见）。

2. 教师讲解、演示

教师检查计划书，针对学生对任务的理解、完成情况，进行适度讲解。

扩展提升

宴会设计的原则

随着社会消费水平的不断提高，餐饮宴会也就越来越受餐饮业的重视，比如商务、家庭、朋友聚餐等宴会都会给餐饮店带来不错的收入，那么如何对宴会菜肴进行设计呢？设计原则又有哪些呢？本课主要讲述的内容就是宴会菜肴设计的十大原则：

1. 满足顾客需求原则
2. 突出宴会主题原则
3. 因人因时配菜原则
4. 菜肴质量标准原则
5. 弘扬特色原则
6. 营养平衡原则
7. 合理搭配原则
8. 创新变化原则
9. 和谐美观原则
10. 条件相符原则

巩固与提高

1. 根据本节课学到的内容写一份关于菜品设计的感悟。
2. 课后去查阅资料：不同形式宴会菜品设计的意义和原则。

任务 2　菜品设计的思路和原则

任务情境

烹饪学校的学生张红毕业后进入一家四星级酒店工作，张红最近在电视的人物访谈节目中，看到一位很有心得的西菜名厨谈国内西菜新一代厨师的现状时，有一段话印象很深，她说："国内的新一代西菜厨师的手艺都不错，他们设计烹饪的菜肴，色、香、味、形都很不错，但总感觉缺少点'灵魂'。"

她对于菜品的"灵魂"的理解就是一个职业厨师对食客的人文关怀，具体地说，一个菜品的设计，不仅要考虑色香味形，更要考虑营养和健康，适当的用油、盐和调料，以及营养搭配，不仅使食客满足口腹之娱，更有利于食客的健康。

听了她的话，张红的心里升腾起一种如对得道高僧般的崇敬，感受到饮食文化的魅力。细细想来，何止是菜品？任何生产给人类消费的商品，都应该有体现人文关怀的"灵魂"，经常有一些年轻的厨师谈起不知道如何进行菜品的创新设计，总觉得无处下手，有时候会进入到一个误区，硬"造"出来的菜品既没有看点，也没有卖点，拿到赛场上得不到金牌，放在店里销售得不到宾客的认可，甚至有的厨师根本就不去创新菜品，只会跟在别人屁股后面做，技术和事业也很难得到提升发展，如何创新设计出好的菜品不是一两句话就能说清楚的。

任务要求

学习后我们将可以：

1. 明确菜品设计的思路和原则。
2. 能正确地说出并理解菜品设计的思路和原则。
3. 能用自己的方式向同学讲授菜品设计的思路和原则。

任务书

经理给张红下了新的培训任务单，让她根据昨天的学习情况安排今天菜品设计思路和原则的课程。如果你是张红，该怎么做呢？

1. 预读本章相关内容，查找资料。
2. 学生 4 人 1 个小组，去图书馆，看一看，查一查。选出并记录与本课程有关的知识。
3. 根据查出的资料提出相应的质疑，待上课时提问。
4. 写出计划书。

任务资料

1. 相关知识及参考资料。
2. 学生在查阅资料的过程中学会与人沟通，以及团队的合作精神的培养。

知识准备

1.2.1 菜品设计的思路

1）原材料的开发与利用

不同的地理环境、气候，使得原料特点各异，为菜品制造与创新奠定了物质基础。一种动物原料，可以制成多种多样的菜品。同一种食品原料也可能根据不同的部位制成各不相同的菜品，猪、牛、羊等动物，从头到尾，从皮肉到内脏，样样可用，也正因为一物多用，才呈现了以某一类原料为主的“全席宴”，如全猪席、全羊席、全鸭席、全菱席、豆腐宴等。一物多用的关键，就是要善于和巧妙利用烹饪原料，使原料的制作不断翻新。近年来，进入厨房的原材料非常丰富，如山芋藤、南瓜花、臭豆腐以及猪大肠、肚、肺、鳝鱼骨、鱼鳞等也登上了大雅之堂，成了人们爱好之物，因此，对原料的利用，重在开拓和创新。很多原材料在本地看来是比较普通的，但一到异地，给人们一种新鲜感。如南京的野芦蒿、菊花脑，济南的蒲菜，千岛湖的鱼头，云南的野山菌，胶东的海产，东北的猴头菇等。如今交通发达，开发异地原材料并不艰苦，翻新菜肴也必将有其广阔的市场。

2）调味品的组配与出新

菜品风味的构成，首先是调味品正确使用。再则是烹调师的合理利用。因此，烹调师必须掌握各种调味品的有关常识，并善于适度控制，五味调和，才能创制出美味可口的佳肴。如今，我国各地的调味品味型种类较多，以及引进他帮一些有特点味型调味品，使调味品的搭配组合更加丰富，如在原有菜点中就味型进行适当调换个别味料，或者变换一下味型，就会产生一种不同凡响的风格菜品。只要敢于创新，就能产生新、奇、特的风味特点菜品。

菜品的创新从味型入手，鸭掌从传统的红烧鸭掌、糟香鸭掌、水晶鸭掌到潮汕的卤水鸭掌以及走红的芥末鸭掌、泡椒鸭掌等，其口味始终翻新，又体现了鸭掌菜的筋抖滑爽的风味特点。由“汕爆虾”到“椒盐虾”再到“XO酱局大虾”，都是由改变味型而创制的。

随着我国市场经济的发展，调味原料的广泛开发，许多调料已不受区域性影响。调料的奇妙调配，可为调制新味型奠定良好的基础。把各种不同的调味品灵活应用、制造出新的味型菜肴，这是菜肴创新的一种操作方法，也是以味取胜、吸引宾客的一个较好的策略。

3）菜品的挖掘与融合

我国各地菜品风味特点各异，在选料、制作、装盘等方面都形成了各自的个性。传统菜品的继承、翻新、设计，唯我独优地发挥本地的特长，才可能使本地的菜品特点突出，并能生根开花，产生较大影响。菜品的挖掘与融合，既可独辟道路，也可鉴戒改进。菜品的改进，是将某一菜系中的菜品或几个菜系中较成功的技法、调味、装盘等进行利用到其他菜品中以图创新的一种思路。一款创新菜“鱼香脆皮藕夹”，此菜采取菜品的融合与嫁接的方法，将不同风格的菜品融为一炉：取江苏菜藕夹，用广东菜的脆皮糊，选四川菜的鱼香味烹制的一款菜肴。菜品的嫁接翻新，也不局限于同一菜系之间的创意。存在近千年历史的“扬州狮子头”，在广大厨师的精心制作下，已发扬光大，创制了很多品种，如灌汤狮子头、灌蟹狮子头、八宝狮子头、荤素狮子头、初春的河蚌狮子头、清明前后的笋焖狮子头、夏季的面筋狮子头、冬季的凤鸡狮子头等，都是脍炙人口的江苏佳肴。

4）乡土菜的采集与提炼

乡土菜品朴实无华、清爽淡泊，是中国菜的源头活水，也是中国宫廷菜、官府菜、市肆菜发展的基本。汲取民间乡土风味菜肴之精华，充分利用原材料来烹制新的菜品，使菜品得到创新，从乡土菜中撷取有养分、有价值的菜品为我所用，是菜品开发存在活力的创作道路。历代厨师就是在城乡饮食制作中接收其精华的。如带有乡土特点的扬州蛋炒饭、四川的回锅肉、福建的糟煎笋、山西的猫耳朵、河南烙饼、陕西的枣肉末糊、湖南的蒸蒸钵炉子等品种，源自民间，落户酒店，成为人人都喜欢的菜品。

民间是一个无穷的宝硕，山区、田间、乡野、街市，不妨咱们走一走，尝一尝，全国各地的乡土民间菜有很多回味无穷的好素材，这是当代烹饪采掘不尽的源泉。只有咱们尽力汲取，敢于利用，并逢迎消费者，进行恰当的提炼升华，创新菜就会应运而生。

5）菜点结合的制造风格

菜肴与面点结合的思路，是中国菜肴更新的一种独特风格。它们之间除了彼此鉴戒、取长补短之外，有时面点和菜肴通过多种方法结合在一起，特别是近年来，我国厨师在这方面作了很多摸索，而且也作出了很多奉献，创作了不少新的品种。菜点组合是菜肴、点心在加工制造过程中，将菜、点有机组合在一起成为一盘合二为一的菜肴。这种菜肴和点心结合的方法，构思独特，制造巧炒，成菜时菜点融合，食用时两全其美，既尝了菜，又吃了点心；既有菜之味，又有点之香。代表品种有馄饨鸭、酥皮海鲜、鲜虾酥卷、酥盒虾仁等。

传统菜淮扬“馄饨鸭”是炖焖整鸭与24只煮熟的大馄饨为伴，鸭皮肥饶，肉质酥烂，馄饨滑爽，汤清味醇，别有一番风味。“北京烤鸭”带薄饼上桌、“鲤鱼焙面”是“糖醋黄河鲤鱼”带“焙面”上桌、“酱炒里脊丝”带荷叶夹上桌等。它们都是两者一体，其风味特点尤为赫然。

在菜点相配的品种中，只有搭配巧炒、符合菜点制造的原则，便会获得珠联璧合、不断改进的艺术效果。从菜肴制造本身来说，菜肴与面点巧炒的结合，对扩大菜品制造的思路，开辟菜品新品种，无疑有着深远意义。

6）中外烹饪技能的结合

随着中外饮食文化交流发展，其菜肴制造也涌现出多样化的势头，如西方的咖喱、黄油的应用；东南亚沙嗲、串烧的引进；日本的刺身等，这些已经进入菜肴制造之中，不可否认，这已成为一种新的菜肴制造方法。因为传统菜肴制造始终在拓展，无论是原料、器具和设备方面，还是在技能、装盘方面都掺进了新的内容。熟于鉴戒西洋菜制造之长，为我所用，中西结合。“沙律海鲜卷”是一款中西菜结合的品种，它取西式常用的沙律酱制成“海鲜沙津”而后用中餐传统的豆腐皮包裹，挂上蛋糊再拍上面包糠入油锅炸制，外酥香、内鲜嫩。

广东烹饪饮食是中西菜技能结合的典范，以传统中餐为基调，融合大量的西餐制法，使菜肴另辟道路，构成了中西并融、合二为一的制造特点，很多调味味型也善于借用西式制法，如西汁、糖醋汁、柠汁、沙津汁等，不少调味汁是根据西餐技法模仿演变而来的。西点广泛利用于各大饭店中，在全国各地影响颇大，特别是西点饼屋已在全国各地扎根、开花。

7）烹饪工艺的变更与改革

中国菜点变更万端的风格特点，吸引世人的眼球，是烹调师运用不同的烹饪技能创作的成果。通过烹饪工艺的应用、引进、综合等，使一些传统菜品得到改进，新工艺的应用，新菜品的产生，更是增添了动力，创造了一款款不同技能的菜品：爆鱿鱼卷、菊花鱼的“剞花”之法的应变；韭黄鱼面、枸杞虾线的“裱挤”技法的运用；海棠酥、佛手酥“包捏”技法的变更；拉面、刀削面，同样是一块面，应用不同的技能即可产生不同风格的食品，真堪称“技法多变，新品不竭”。

纵观我国的菜点，从古到今就是在变更中始终革故鼎新的。打开清代饮食专著《调鼎集》，菜品相当丰富。就“虾圆”菜肴来看，其技法就够广泛，有脍虾圆、炸虾圆、烹虾圆、炸小虾圆、醉虾圆、瓤虾圆等。在“虾仁、虾肉”中，有拌、炒、炙、烤、醉、酒腌、面拖、糟等烹制法，还有包虾、虾卷、虾松、虾饼、虾干、虾羹、虾酱等。变化多端，这些菜品都是历代烹调师们不断改变加工与烹制技法而构成的。

8）菜品造型的巧妙组合

中国菜肴花色品种繁多，技能高超，其热菜造型涌现出新的风格。制作精巧、栩栩如生、富有营养的热菜造型，像朵朵鲜花，在中国食苑的百花园里竞相开放，堪称五彩缤纷，千姿百态。

各地出现许多创新菜品大都具有雅俗共赏的特点，并各有其风格特点。按菜品制造造型的程序来分，可分为3类：第一，先预制成型后烹制成熟的，如球形、丸形以及包、卷成形的菜品大多采取此法，狮子头、虾球、石榴包、菊花肉、兰花鱼卷等。第二，一边烹制一边成型的，如松鼠鳜鱼、玉米鱼、虾线、芙蓉海底松等。第三，加热成熟后再处理成型，如刀切鱼面、糟扣肉等。

按成型的方法来分，可分为包、卷、捆、扎、扣、塑、裱、嵌、瓤、捏、拼、砌、模、刀工美化等。按制品的状况分，又可分为平面型、凹凸型以及羹、饼、条、丸、饭、包、饺等多样。按其造型类分量来分，可分为整型（如八宝葫芦鸭）、散型（如蝴蝶鳝片）、单个型（如灵芝素鲍）、组合型（百鸟朝凤）。菜品造型雅俗共赏，将菜品制作技巧与艺术贯穿于制造之中，不在于菜品的高低贵贱，而在于菜品造型的整体效果与食用价值。

1.2.2 菜品设计的原则

1）菜式与餐厅风格相符

菜品的菜式要与餐厅的经营相结合，菜品设计特色要符合餐厅经营的风味，否则餐厅的经营方式就会受到影响。餐厅有可能达不到应有利润，由此可见，餐厅选择菜品设计要十分慎重。

（1）菜品设计要适合顾客的需求

菜品组合要能体现餐馆的经营宗旨，而经营宗旨则要迎合某一消费群体的需求，所以菜品设计要满足消费者的需求。如果消费者喜欢吃广东菜，则应选择一些粤菜进行菜品设计，其他风味菜品不要选入菜单。

（2）菜品设计与总体就餐过程相协调

选择设计菜点时，应消除菜点越精细越好的错误观念，所设计的菜品种类要与餐馆的风格档次相适应。一家装修豪华的高档餐馆，不能用家常菜菜品进行设计；反之，一家简朴的大排档，则不能尽出一些高档精美的菜品。

（3）品种不宜过多

一家好餐馆，在菜品设计时所选用的品种数量应能保证供应，不应缺货，否则会引起顾客不满。菜品设计的品种数量不宜过杂、过多，过多的品种将对餐馆原料成本加大。如库存、生产设备、生产人员、技术力量等。

（4）选择有利润的品种

①既畅销利润又高。此类菜点是最好的，必须作为菜品设计的核心，一般是看家菜、拿手菜、特色菜。

②虽畅销但利润低。此类菜点属薄利多销，一般是家常菜，它是许多中小餐饮行业菜品设计的基础。但要注意成本与利润之间的对比情况，确保有一定的利润，否则就失去了经营的意义。

③不畅销但利润高。此类菜点一般是一些名菜、传统菜，代表餐馆的档次，虽然销量较小，但利润可观。

对既不畅销利润又低的菜点一般不列入经营品种行列中，除非有特殊的理由。

（5）品种搭配要力求平衡

①每类菜品价格平衡。组合后的品种要有高、中、低档的搭配。

②原料搭配平衡。处理荤素、面食点心、水果、饮料等的搭配。

③烹调方法平衡。组合后的品种中应有不同烹调方法制作的菜点。

④营养平衡。选择菜品时要注意各种营养成分的菜搭配合理。

2）深思熟虑决定菜式品种

餐馆经营什么品种，决定了一间餐馆的经营风格和路线。到底是经营某一菜系或地方风味，还是面面俱到，这需要经营者深思熟虑后决定。就目前饮食行业看，中小餐馆经营品种主要有下列几个种类可供选择：

①只经营某一地方风味的菜品，保证该餐馆的“纯洁”“正宗”，突出餐馆鲜明的地区文化特色。由于竞争越来越激烈，顾客需求过于细分，在当今餐饮市场中选择某一地方风味集中经营的餐馆越来越多，可视为当今餐饮业的一种发展趋势。中餐有八大菜系及各省各地区各民族风味，种类繁多；西餐有意、英、法、俄等风味，还有日本料理、韩国烧烤等。确定哪一类别，则应视市场需求而定。

②经营一种风味菜品为主，兼营另一种受欢迎的风味菜品。如川、鲁餐馆，以经营四川菜为主，兼营鲁菜中某些受当地顾客欢迎的菜点。

③经营不定风味，什么品种都有。这种餐馆可以适合顾客不同口味的需求，但一般都是档次较低的餐馆，许多大排档餐馆就是属于这种类别。

④经营餐馆时尚品种。随着人们生活水平的提高，消费结构、消费观念也发生了巨大变化，饮食时尚已成为城市居民日常生活的一部分。经调查发现，以当代顾客饮食消费心理为基础，可供餐馆选择的时尚品种主要有以下几种：

A. 绿色食品走俏市场。厌倦了都市喧嚣和空气污浊的生活环境，现代都市人都在追求大自然的纯真和宁静。返璞归真、回归自然的心理反映在餐饮方面，即表现为对绿色食品的极大兴趣。各种山茅野菜，以前是作为猪食草料的，现在却被人们视为山珍；粗食杂粮，以前是艰难时世的充饥，现在却被视为美容减肥食品。

B. 食疗保健大受欢迎。过去中餐在营养搭配上不严谨，原因之一是顾客不注重营养。现在顾客观念变了，不仅要吃饱吃好，而且要讲究营养。中华饮食有“药食同源”的道理，因此，众多带有药膳保健的餐馆颇受人们青睐，选择经营保健食品不失为明智之举。

3）打造招牌菜确定优势

品牌是一个工具，一种展示形式，它对经营较好的餐饮企业有很大帮助。通过强调餐饮企业的品牌特点和优势来指导顾客的消费，从而确定餐饮企业的市场优势。餐饮业以大打名牌菜招揽顾客、搞活生意已成为业内人士的共识。

（1）招牌菜是餐馆引导顾客消费的风向标

推出一个品牌的过程，就是让消费者对品牌的识别和认同的过程。当品牌成为消费者心中的产品标志后，消费者便建立了对品牌的认可，就会常常根据品牌进行消费选择。餐厅建立了相对稳定的顾客群，并通过口碑效应扩大品牌的影响，从而达到促销的目的。优质美味的菜品既便于顾客重复消费，又便于企业争创名牌，赢得社会信誉。北京“烤鸭”这道菜，就得到了消费者的青睐。推出某一品牌后，这一品牌就是菜品和企业的象征。企业为了维护品牌和企业信誉，要尽力保证菜品的风味特色和质量，不能偷工减料。关心品牌的声誉，加强质量管理，强化创新意识，有助于树立企业的良好形象，丰富菜品的文化内涵，形成品牌经营的良性循环。

（2）招牌菜是餐馆增强自身竞争力的法宝

品牌的竞争力体现在它的价值上，品牌的知名度越高，影响就越多，其价值就越大。品牌的价值增强了企业的竞争力，同时也为竞争对手设置了进入同一市场的障碍。随着市场经济的发展，餐饮企业通过自己的产品，尤其是消费者熟悉认可的名牌产品，如北京全聚德烤鸭、东来顺涮羊肉、天津狗不理包子等，具有较高的市场占有率，有效地占领市场。同时，餐饮企业应推出适应市场需求的高质量的品牌产品，在产品质量高的基础上，形成合理的经营规模，以品牌求发展，使企业成为能影响并带领整个行业发展的龙头企业。

4）反常规设计与众不同

在当今餐饮业“人有我有，人无我有”的市场竞争中，不少企业和经营者已深知“特色”两字的分量，不约而同地分别在餐厅的布局、装修、菜品设计等方面，创造和经营出各具鲜明个性的特色。有的花了心思和资金成功了，有的同样花了心思和资金却并不成功。不成功的原因很多，但其中最重要一条就是，没有摸准市场的口味和自己的与众不同之处，没有将这两者有机地整合起来。

（1）逆向思维，摸准食客心理

众所周知，一个酒店要想赢得回头客，获得长久发展，特色菜是必不可少的。凡是到过大连龙海楼的顾客都知道，大连刀鱼、辣拌小赤贝等菜是龙海楼的特色菜，几乎每天每桌都少不了它，使它成为龙海楼名副其实的“拳头菜品”。也许有的消费者感到不解：大连刀鱼这道菜在东北非常普遍，而且很多家庭都能做，都会做，选它做特色菜是不是恰恰失去自己的特色？其实，这正是龙海楼菜单设计的独特之处。一道大家非常熟悉的菜，如果能做出与众不同的口味，那么大家凭自己的经验就可辨别出，这家饭店的经营方式非同一般。故意将消费者都熟悉、其他饭店经营者不屑一顾的最普通的菜肴，设计成自己的特色菜推出，使其在消费者心目中形成特色，最普通的菜肴都能做成美味佳肴，从而使消费者对酒店产生好感。

（2）精心打造，力求经营独具特色

怎样才能将菜品做出与众不同的口味呢？这是餐饮经营者首先必须面对的问题。首先要考虑菜品制作方法，风味特色，原料的市场供应情况；其次要考虑市场的定价，消费档次。菜肴的制作，原料的选择要反复推敲、演练。如小肥羊涮锅之所以受人们喜爱，其汤料的配方设计经过了数百次试验才推出市场，成为享誉国内的品牌。餐饮经营者要创出品牌，就要精心设计，贴近市场，适应市场发展，创作出具有独特风味菜肴，推出适应市场需求的高质量品牌。

任务实施

1. 课前布置任务实施建议

（1）教师解读任务书，布置任务。

（2）学生阅读任务书及任务资料，对不清楚的部分提问。

（3）分组讨论，合作完成任务，写出计划书（可以自学知识准备，查找资料，询问教师意见）。

2. 教师讲解、演示

教师检查计划书，针对学生对任务的理解、完成情况，进行适度讲解。

扩展提升

餐饮宴会菜肴设计原则

随着社会消费水平的不断提高，餐饮宴会服务也越来越受到餐饮业的重视，如商务、家庭、朋友聚餐的宴会都会给餐饮店带来不错的收入。那么，针对餐饮宴会如何对宴会菜肴进行设计呢？设计原则又有哪些呢？针对一些特殊的宴会，餐饮店该如何对宴会菜肴进行设计呢？本课主要讲述的内容就是宴会菜肴设计的几大原则：

1. 满足顾客需求原则

菜肴的设计要以顾客的需求为中心，以客人举办宴会的目的、宴会的主题以及参加宴会的客人的具体情况为主要依据，充分考虑各种因素。

（1）把握客人特点

准确把握客人特点是宴会菜肴设计的基础。了解的对象主要是主人、主要客人及主要陪同，了解的内容有他们的年龄、职业、性别、民族以及参加宴会的目的、生活习惯、饮食特点、口味爱好和禁忌等。比如有的忌猪肉，有的忌牛肉，有的不吃海鲜，也有的忌葱、姜、蒜，还有的忌动物油等。

（2）了解办宴会的目的

参加宴会都有目的，但是主人与客人的心理不尽相同：有的想借宴会搞一些主题活动；有的出于朋友要求，来参加捧场；有的想表达诚意；有的是特意前来享受宴会的良好气氛，品尝宴席佳肴；有的是寻找团聚的气氛；有的是出于名望的心理；有的注重环境气氛和档次；有的则注重经济实惠等。总而言之，必须深入分析方能了解从而满足客人明显和潜在的需求。

2. 突出宴会主题原则

宴会主题不同，宴会菜点的形式也就不同。宴会菜点的形式是指构成宴会的菜点种类、特点、结构、造型、菜名以及服务方式等。可采用以下几种主题：

（1）以文化亮点为专题

设计专题宴会来吸引客人。专题宴会是指所有菜点围绕一主题，如成都“三国宴”的所有菜点均出自《三国演义》，“红楼宴”的菜点都出于《红楼梦》。

（2）以某种原料为主题

以一种原料为主，利用炸、熘、爆、炒等多种方法烹调，配上各种辅料，形成不同风味菜肴组成的宴会，如蟹宴、全鸭宴、全鱼宴、全羊宴等。

（3）以面点为主题

以面点为主题来创造和突出宴会的气氛，如上海城隍庙的点心宴、苏州船点、西安的饺子宴等。

3. 因人因时配菜原则

宴席配菜应该根据宾客，特别是主宾的饮食习惯、爱好来灵活掌握。我国地域的口味特点有“南甜北咸，东辣西酸”“南米北面”之说。沿海和长江以南的地方一般口味偏于清淡，而北方人以及像四川、湖南、贵州这些较为潮湿的地方，口味较重。

因时配菜包含两个意义：一是季节不同，配菜的要求不同。原则上是“春夏偏于清淡，秋冬偏于浓重”。二是按季节选择原材料。袁枚《随园食单》说得好：“冬宜食牛羊，移之于夏非其时也；夏宜食干腊，移之于冬非其时也。”中医有“春多食酸，夏多食苦，秋多食辛，冬多食甜”的说法值得我们参考。

4. 菜肴质量统一原则

（1）合理把握菜肴质量与数量的关系

菜肴数量与宴会档次没有内在逻辑关系，菜肴数量多，宴会档次不一定就高。现在宴会菜肴数量逐步向菜肴精致方向发展。宴会菜点的数量应与参加宴会的人数相吻合，量不在多，而在于菜肴质量。

①菜肴的数量是由宴会的类型确定的，不同的宴会类型，在不同的地区、不同的人群中有一种约定俗成的习惯，一般菜肴数量从10个到20个不等。例如，国宴4菜1汤3点心1冷菜1水果，一般商务宴6菜1汤3点心1冷菜1水果，朋友聚会宴8~10菜1汤

3点心1冷菜1水果，普通婚宴10~12菜1汤3点心1冷菜1水果。

②举办宴会的目的不同，菜肴质量的要求也不同。出于礼仪，菜肴质量档次高一些；为了品尝，要求菜肴制作精一些；为了应酬，菜肴数量可适当减少一些。总之，菜肴质量要和菜肴的数量相联系。

（2）合理把握宴会价格与菜肴质量的关系

宴会整个标准是设计宴席菜肴的主要依据，价格高低与菜肴质量有着必然的联系。不过价格标准的高低仅仅是在原料使用上有所区别，不能在烹制质量上有区别，也就是在规定的价格标准内，把菜点色、香、味、形等烹饪技法搭配合理，使宾主都能满意。在质量的掌握上，根据价格水平的高低，在保证菜肴有足够数量的前提下，可以从主料、辅料的搭配上进行设计。

①宴会规格高，高档原料可当主料用，不用或少用辅料；宴会规格低，可增大辅料用量，从而降低成本，也可不选用高档原料而改用一般原料。

②配制菜肴时，尽可能上一些花色菜、做工讲究的菜，以及最能体现地方特色的菜，这是一种不加成本或少加成本就能提供宴席菜肴质量的方法。

③在口味设计与加工方法上，可按粗菜细做、细菜精做的原则，适当调剂菜肴。价格高、原料档次高的菜肴，数量不应过多，体现“精”的效果；价格低的菜肴，数量口味要合适，通过精心加工来体现菜肴的“细”。

5. 弘扬特色原则

（1）地方特色鲜明

利用本地的名特产、本菜系的名菜、本餐厅的特色菜、招牌菜，才能扬长避短，给客人留下深刻的印象。如北京大董烤鸭店，就要将酥而不腻的烤鸭奉献给食客；眉州东坡酒楼就尽量把东坡名菜推上席谱；老房子螃蟹酒店，就要推荐自己螃蟹系列的特色菜肴；石磨豆花庄就要展示乡情。衡量特色的名贵度可以从原来的产地、地域的大小、上市的时间长短、菜肴制作的难易来衡量。

（2）结合季节特点

采用当季原料来体现时令特色，结合季节温度特点来设计宴席菜肴的色彩、口味。冬季菜肴色调，可以浓油赤酱一些，口味浓重一些；夏季则以给人清爽感觉的色彩为主，以食品的本色为主，口味以清淡为主，适当加点苦味。四季口味特点是：春酸、夏苦、秋辣、冬甜。

不同季节设计不同热量的菜肴。热量包括两层含义：一是就餐时菜肴的温度。夏季可适当增加冷菜的比例，冬季可增加火锅、烧烤等菜肴的比例。二是有的菜肴富含脂肪和蛋白质，热量较高，在冬季可以多用；有的菜肴热量较低，可在夏季适当使用。按一般规律和习惯，夏秋天气热，客人喜欢清爽淡雅的菜肴；冬春季节较冷，则喜欢浓厚热汤的菜肴。如火锅之类的菜肴，在冬春选用合适的，到夏天就不一定合适了。

6. 营养平衡原则

（1）营养结构合理

营养设计要从客人的营养需求出发，客人的营养需要因人而异，不同性别、不同年龄、不同职业、不同身体状况、不同消费水平对营养的需要有一定差异，虽然不能对每一位客人有针对性地设计，但是设计宴会菜肴应把握总体的结构和营养比例。包括各种菜肴原料的组成，如蛋白质、脂肪、淀粉、维生素、粗纤维、矿物质、微量元素等营养素。由于宴会是以荤菜肴为主，因此应适当加入素菜肴、主食和点心。否则，人的消化功能不能正常发挥，营养成分也难以消化吸收。

（2）荤素搭配适当

传统中式宴席讲究荤菜和山珍海味，不太注重素菜；注重菜点的调味和美观，忽略了菜肴的营养搭配。应运用现代营养学知识对传统中式宴会进行改进，做到宴会菜肴荤素合理搭配，如荤菜用素菜围边，既解决了美观的问题，又照顾了营养搭配。翅、鲍、肚、参等高档原料跟上清口菜，例如鱼翅跟豆芽，这样不仅有效地刺激了客人的胃口，增强食欲，而且具有多种营养成分。

7. 合理搭配原则

（1）味型搭配合理

一桌宴席味型配制要合理，同一种味型的菜品不能重复太多。味是宴席风味的核心，搭配不合理给人单调的感觉。例如，满桌都是咸鲜味型的菜品，会让食客觉得这桌菜十分平淡，吃上几个菜就乏味了。一桌宴席配上五六个麻辣味或糊辣味等冲击力强的菜品，又会让人感到太刺激，甚至难受。所以，菜肴的味型搭配要合理。

（2）荤素原料搭配合理

掌握好荤素菜的比例，不仅能使营养均衡，而且能增添使用的情趣。荤菜里的鸡、鸭、猪、牛、鱼、羊、海鲜的配置，应呈现多元化的格局；素菜中的豆腐、菇笋、菌类、鲜蔬类菜品，也应多姿多彩。素菜多了会使人感到淡而无味，冲淡宴会的气氛；荤菜多了又会让人觉得腻口。冷菜的荤素搭配是5∶3或5∶4，热菜是5∶4。切忌将鲍鱼、海参、鱼翅、燕窝、龙虾等高档原料全部安排在一桌宴席上，不仅菜肴主题不突出，营养的搭配也会失衡。一般有两三道高档的菜，整桌宴席的档次就显现出来了。相反，一桌菜品有四五道豆腐、凉粉之类的菜品，就成了豆腐席，吃起来就非常乏味了。

（3）烹饪技法搭配合理

中国烹饪技法多样，烧、烤、炖、烩、煮、焖、炒、爆、熘、炸、拌、渍等，难以尽数。各种技法做出来的口感，各有妙处。如果一桌菜全是炒菜，或者都是蒸烧的菜品，这桌宴席的感染力定会大打折扣。

（4）色彩搭配合理

色彩搭配对一道菜的制作很重要，对一桌宴席更是如此。菜品色彩的合理搭配，起着催人食欲的作用。从色彩营养学的观点来看，不同的菜品代表着不同的营养素的含量，色彩搭配合理的菜品格局，它的营养配比也是合理的。

（5）冷热质感搭配合理

一桌菜品的凉菜、热菜应有一定的比例，并且凉菜一定要凉，热菜一定要有烫劲，冷热反差大，从美食的角度来品味感觉更好。一桌菜也应该配备香、酥、颂、脆、泡、软、糯、绵、韧等不同口感的菜品，这样宴席更显得富于变化，其乐无穷。

（6）菜肴搭配比例合理

保持冷菜、热炒、大菜、点心、甜菜各类菜肴质量的均衡，避免冷菜档次过低，热炒菜档次过高。宴席档次不同，宴会菜肴种类搭配比例也随之变化。冷盘、热炒和大菜与点心的比例，一般宴会为10∶45∶45，中等宴会为15∶35∶50，高级宴会为15∶30∶55。

【案例 1】中餐宴席菜点的品种搭配

1. 冷菜。可用什锦拼盘或四双拼、花色冷盘，配上 4 个、6 个或 8 个小冷盘（围碟）、6~8 个盖碗、海外引进的刺身船，也可冷菜热吃，如广式的卤味拼盘、腊味盖碗，特色热菜加围碟。

2. 热炒菜。采用滑炒、煸炒、干炒、炸、爆、烩等多种烹调方法烹制，从而达到菜肴的口味和外形多样化的要求。

3. 大菜。由整只、整块、整条原料烹制而成，装在大盘（或大汤碗）中上席的菜肴。用烧、烤、蒸、熘、炖、焖、熟炒、叉烧等多种烹调方式。

4. 素菜。素菜经炒、烧、扒等方法制作而成，起到解腻和营养平衡的作用。

5. 甜菜。采用蜜汁、拔丝、熘炒、冷冻、蒸等多种烹调方法熟制而成，多数是趁热上席，在夏令季节也有供冷食的。

6. 点心。常用糕、团、面、粉、包、饺等品种，采用的种类与成品的粗细视宴会规格的高低而定，高级宴会需制成各种花色点心。

7. 水果和冷饮。常有苹果、梨、橘子、西瓜、冰淇淋等。

【案例 2】西餐宴会菜肴的品种搭配

1. 开胃品。类似于中餐的冷菜，起到开胃作用的小食品。开胃品有冷、热之分，冷的开胃品是第一道菜，较酸、冷，热开胃品是跟在汤后面的、味较浓烈的菜。

2. 汤。起到开胃促进食欲作用的一款味道鲜美的汤菜。汤有冷、热、清汤、浓汤之分，浓汤又有白、红之分。另外，还有一盅称之为茶的汤，其清澈见底，但味浓鲜美，如牛茶、鸡茶。西餐的汤是放在凹的汤盘内，牛茶、鸡茶是放在大号咖啡杯内。

3. 副菜。在西餐中也称为小盆，它可以是野味、海鲜等，一般使用 8 寸平盆，也可是长盆、烤斗、烙盆、罐等。副菜是在西餐中表现力最丰富多彩的菜式，烹调方法很多，可以是烩、烧、烤、煎、炸、煮、烘等。

4. 主菜。包括海鲜、家禽、肉类、面食，量大，造型美观，装盆讲究。在法式小宴会中是一道表演菜，可以将宴会推向高潮。经常跟上有清口解腻作用的蔬菜沙拉。

5. 甜食。包括甜色拉、水果、奶酪、甜点心及冰淇淋。可起到饱腹和助消化的作用。

【案例 3】自助餐宴席菜肴的品种搭配

自助餐宴席菜肴的道数与参加人数相关，菜肴的数量是每人熟制品 1 100~1 300 克。100 人以下在 40 款左右，100~500 人在 50~60 款，500 人以上在 70 款以上。菜肴的形态以一块、大片为主，块的大小以一口为佳，块的形态以方正为主，少用切成丝类的菜式，以便于客人站着用餐的特征。

1. 冷菜。西菜 6~8 款，中菜 6~8 款。冷菜在餐台的摆放位置要靠前，一般以装长、圆形的银盆为主。菜盆以 14~16 寸为宜。菜盆用果蔬类立雕、围边进行装饰，装盆讲究美观。原料包括家禽、肉类、蔬菜、鱼类。在夏季，最好不用奶油类沙律，小水产的贝壳类菜肴，因为容易变质。

2. 热菜。西菜 6~8 款，中菜 8~10 款。热菜的烹饪方法以煎、炒、炸、烤为主，适量配点烩、烧的菜，注意汤水要少。原料选择以中档为主，采用应放在保温炉内。

3. 汤。中、西各 1~2 款，要有清、浓之分，汤料以丁为主，餐具要求保温。

4. 点心。中式 6~8 款，西式的品种可以多一些，量少一些，颜色要丰富多彩，制作方法以烤、蒸、炸、冻为主。点心与水果摆放在装饰台上，装盘要精致。器皿、材料款式多样。

5. 餐包。餐包是自助餐的主食，品种在 5~6 种。

8. 创新变化原则

“烹饪之道，妙在变化；厨师之功，贵在运用。”创造性地设计宴会菜肴的方法、菜肴的创新可以从 4 个方面着手：

（1）挖掘

把已经失传几十年甚至上百年的传统菜点挖掘出来，让它们重放异彩，如私家菜、官府菜、大户菜。中餐重视人体养生保健，水果宴、茶宴纷纷出台，甚至出现了专门经营水果餐的餐厅。人见人爱，挖掘原材料的各种利用价值，如三文鱼刺身，鱼头、带肉鱼骨等很多杂料经常丢弃不用，把这些下脚料做成炸三文鱼骨卷，独特的风味、新奇的感觉，很受顾客欢迎，变废为宝，节省成本。

（2）继承

继承中创新。传统的鱼翅可以捞饭、鲍鱼可以配鹅掌，现在吃猪肉的人少了，但这并不代表“酱猪肉”“东坡肉”就没人吃了，能做到入口即化、油而不腻，照样受欢迎。利用历史典故、利用药膳设计一些菜肴，启发医食同源的灵感。

（3）引进

引进各种菜系的加工方法进行融合，如粤菜蒸鱼先不放盐和佐料，只蒸 10 分钟，鱼刚断生，骨头边还有一点点血丝，肉质鲜嫩。而其他蒸鱼先放佐料，又不控制时间，肉质就老。川菜的鱼香肉丝，在江南一带改成鱼香鳜鱼丝，就别具风味。

（4）改良

菜肴改良从形式上说，有采用与点心结合、中西结合、荤素相结合、食物与药物相结合、水果与菜肴相配合等。“酥贴干贝”就是菜点结合的一道新菜。“酥皮海鲜”则是中西结合的一道菜。荤素结合是使荤素合为一体，荤中有素，素中有荤。如扁豆撕筋去豆，夹入火腿、虾、笋菜制成的陷，蒸制、烧葱油，口感很好。炸春卷陷换成西式的熏肉与奶酪蘸甜辣酱包生菜吃，更是别具风味。

9. 条件相符原则

（1）厨房的设备配备

充分发挥厨房设备的配备特有功能，以及烹饪技能，使宴席菜肴有效地及时地出菜，烹调师利用这些厨房设备特点设计出宴会独特的菜肴。在如今高科技发展的年代里，新的厨房设备层出不穷，为菜肴创新提供了极大的便利条件。

（2）厨师的技术能力

菜点设计还得按饭店厨师的实际能力而定，应选定厨师们最拿手的菜品，从而确保质量，体现出宴会的特色。主桌与其他桌的出品质量不能差距太大。

（3）原料的储备情况，应考虑市场供应情况和当时的季节

充分掌握本餐厅原料储备及市场的供应情况及质量、价格。才能使宴会菜肴既丰富多彩，又与宴会档次相适宜，还能避免已设计好的菜点无货源现象的出现。烹饪上使用的原料都有季节性，有些原料尤为突出，如螃蟹、豌豆、鲜冬笋、野味等菜肴的季节性较明显。所以，了解市场供应与应是、时季节的变化，选用合适的原料，制作出应时应季、符合人们口味变化的菜点，从而满足客人的需要。

巩固与提高

1. 根据本节课学到的内容，设计一道菜肴并说明设计的思路以及设计时的感悟。
2. 课后去查阅资料：不同形式菜品设计色彩及形态搭配的原则。

任务 3　菜品设计的注意事项

任务情境

烹饪实习生小华这周的工作任务是设计新的菜品，可是设计了几个总是不满意，所以小华开始在注意事项上寻求解释。

同学们，让我们来帮小华设计新的菜品吧，帮他解决困扰。

任务要求

学习后我们将可以：

1. 明确菜品设计的注意事项。

2. 明确菜品设计时的小细节。
3. 能用自己的方式向同学讲授菜品设计的注意事项。

任务书

小华总是不满意自己设计的菜品，可是不清楚有什么需要注意的事项，请同学们帮小华解决这个难题。

1. 预读本章的相关内容，查找资料。
2. 学生 4 人 1 个小组，去图书馆，看一看，查一查。选出并记录与本课程有关的知识。
3. 根据查出的资料提出相应的质疑待上课时提问。
4. 写出计划书。

任务资料

1. 相关知识及参考资料。
2. 查阅资料的过程中，学生学会与人沟通，以及团队的合作精神的培养。

知识准备

1.3.1 菜品设计的注意事项

创新是社会发展的必然，也是菜品设计的必要条件。菜品设计的创新，是对烹调师知识和技能的考验，烹调师技术是否全面，就是看其对菜品设计创新发挥。有些烹调师花费许多时间和精力，结果效果不如意，有的烹调师在创作时知识面窄，有的烹调师在创作时知识面宽，在菜肴的创新、造型方面大有建树，对菜肴味道、烹饪技法等菜品设计的改良深受欢迎。

做好创新菜，就要对原料的特性、菜品设计的方法以及消费者认可度有所了解和掌握，还有对当地饮食文化认知。在菜品设计创新上要结合新技术、新原料、新工艺等方面进行研究，同时，对菜品的香、味、养、质等进行演练。在适应顾客消费方面对菜品进行改进。以这些方法为基础，再加上新的烹饪技术来创作，结合设计新时尚、融合新工艺一定能做好创新菜来。

1）菜品设计要注意“香”

香：突出食材之味。在设计菜品的时候，要注意菜品本身独有的本味，并且在烹饪加工过程中使之凸显。比如，在制作烤鸭时，为了突出烤鸭的香味，烤制时用果木进行烤制，使鸭皮表面的蛋白质凝固、起壳，使其焦香味更加浓郁，配备面酱、大葱、面饼，让它的香味得到充分释放。另外，厨师还必须掌握好烹调时的火候，这是食材的香气得以释放的保证。炸制面包猪排、韭黄肉丝时，面包猪排、韭黄肉丝刚出锅时香气非常浓郁。菜肴烹制一定要突出菜品香气。

2）菜品设计要注意“味”

味：每一种原料都有自己的个性，每一款菜肴的味道都有其本味。烹调师对味的掌握要适时恰当，需要实践后去印证和领悟，从而得出规律性的东西。菜品味道可分为清淡、香浓、辛辣3个大类。在调味的时候，厨师可以遵循：大味无疆（真正的美味是没有国界的），大味必淡（越少放调料越能突出食材本真之味），大味至真（追求食材本真自然之味），大味无烹（越简单的烹调方法，越能保留住食材本真自然之味），大味至合（调料与食材要搭配合理才能诠释出食材之美味）的调味原则。

3）菜品设计要注意“养”

现代健康的饮食理念、食疗保健养生健体理论成为菜品营养设计和食材营养搭配的理论基础，其核心要求食材 “本色、自然、养生” 。大部分菜品都尽可能原汁原味、少盐、滋养、环保，尽量使用纯天然调味料。比如，用黑芝麻酱代替装饰酱和调味酱，用柠檬汁代替醋，用蜂蜜代替糖，用鲜辣椒汁代替辣椒油。桑叶、班兰、玫瑰花瓣，这些取自于大自然的有机素材直接成为食材或成为装饰点缀。

4）菜品设计要注意“质”

质是烹调师制作菜品时为人们提供菜品的口感、质感，使食客入口感到有品质感。在烹饪过程中，对立反差成为其基本搭配模式，如软配硬、酥配滑等。在制作家常茄夹时，软嫩的茄夹里加入了一条脆脆的泡菜，口感具有跳跃感。在制作北京小吃驴打滚时，糯米中融入了蜂蜜，不用白糖，还加入了西餐中的巧克力酥芯，不仅不腻，口感变糯为脆，让食客在意料之外收获一种惊喜。

1.3.2 菜品设计要突出“形”“意”“器”

1）菜品设计要突出“形”

形：菜品设计形状，是指烹饪原料本身经刀工处理或后期烹调后表现出的形状。好的菜品设计形状可以更好地表达菜品的质地，装盘时找到适合表现菜品特色的装饰形式。另外，强调盘子里所有的东西要讲究错落有致、高低搭配，且选用的食材大多是可食的。

2）菜品设计要突出“意”

意：菜品设计时，其名称要有寓意或意境，如“霸王别姬”这道菜就有一定的寓意表现了楚霸王项羽和虞姬故事。“沛公狗肉”这道菜借其表现汉刘邦生活轶事手法用于菜中。又如，两只黄鹂鸣翠柳，一行白鹭上青天，是赋有诗情画意的两道菜品。一个菜品，一个故事，一段轶事，将这些故事的意境设计在菜里。通过调味、烹制、盘饰来传达菜品的饮食文化内涵和对美食的认知。

3）菜品设计要突出“器”

器：好马配好鞍，美食配美器。在菜品设计时，好的原料一定要有好的器皿与之匹配。俗话说“红花要有绿叶配”，选择有传统文化品位的盛器作为菜品载体，起到画龙点睛的作用，如石器、陶器、瓷器、木器、竹器等。盛器选择一定要与菜肴的烹调方法相适应，要适合菜品设计风格，要与菜品本身的气质相适应。

1.3.3　菜品设计要有新意

新意：古为今用，洋为中用。在继承的基础上勇于创新，在烹饪食材的选择上，在新式调味料的使用上，在烹调新工艺的结合上，在烹调方法制作上中西结合。研发出既符合当代人健康养生又符合食用要求的口感好、味道美、色泽靓的菜品。让消费者能品尝到食疗保健、养生健体的菜品本味。

总之，东辣西酸，南甜北咸，一方水土养一方人。菜品设计要结合餐厅所在地的市场特点、口味特点，一定要适应并满足当地客户的消费需求，只有对菜品有了一定了解才能在烹饪的过程中突出菜品本身的个性，诠释菜品本身所蕴涵的特质。这种设计理念才是最重要的。

任务实施

1. 课前布置任务实施建议

（1）教师解读任务书，布置任务：通过知识准备提供的知识对菜品设计进行定义。

（2）学生阅读任务书及任务资料，对不清楚的部分提问。

（3）分组讨论，合作完成任务，写出计划书（可以自学知识准备，查找资料，询问教师意见）。

2. 教师讲解、演示

教师检查计划书，针对学生对任务的理解、完成情况，进行适度讲解。

扩展提升

常用烹饪技法

1. 炒

炒是最基本的烹饪技法。其原料一般是片、丝、丁、条、块，炒时要用旺火，要热锅热油，所用底油多少随料而定。依照材料、火候、油温高低的不同，可分为生炒、滑炒、熟炒及干炒等方法。

2. 爆

爆就是急、速、烈的意思，加热时间极短，烹制出的菜肴脆嫩鲜爽。爆法主要用于烹制脆性、韧性原料，如肚子、鸡肫、鸭肫、鸡鸭肉、瘦猪肉、牛羊肉等。常用的爆法主要有油爆、芫爆、葱爆、酱爆等。

3. 熘

熘是用旺火急速烹调的一种方法。熘法一般是先将原料经过油炸或开水氽熟后，另起油锅调制卤汁（卤汁也有不经过油制而以汤汁调制而成的），然后将处理好的原料放入调好的卤汁中搅拌或将卤汁浇淋于处理好的原料表面。

4. 炸

炸是一种旺火、多油、无汁的烹调方法。炸有很多种，如清炸、干炸、软炸、酥炸、面包渣炸、纸包炸、脆炸、油浸、油淋等。

5. 烹

烹分为两种：以鸡、鸭、鱼、虾、肉类为料的烹，一般是把挂糊的或不挂糊的片、丝、块、段用旺火油先炸一遍，锅中留少许底油置于旺火上，将炸好的主料放入，然后加入单一的调味品（不用淀粉），或加入多种调味品对成的芡汁（用淀粉），快速翻炒即成。以蔬菜为主料的烹，可以把主料直接用来烹炒，也可以把主料用开水烫后再烹炒。

6. 煎

煎是先把锅烧热，用少量的油刷一下锅底，然后把加工成型（一般为扁形）的原料放入锅中，用少量的油箭制成熟的一种烹饪方法。一般是先煎一面，再煎另一面，煎时要不停地晃动锅子，使原料受热均匀，色泽一致。

7. 贴

贴是把几种黏合在一起的原料挂糊之后，下锅只贴一面，使其一面黄脆，而另一面鲜嫩的烹饪方法。它与煎的区别在于：贴只煎主料的一面，而煎是两面。

8. 烧

烧是先将主料进行一次或两次以上的热处理之后，加入汤（或水）和调料，先用大火烧开，再改用小火慢烧至或酥烂（肉类、海味），或软嫩（鱼类、豆腐），或鲜嫩（蔬菜）的一种烹调方法。由于烧菜的口味、色泽和汤汁多寡的不同，烧又分为红烧、白烧、干烧、酱烧、葱烧、辣烧等许多种。

9. 焖

焖是将锅置于微火上加锅盖把菜焖熟的一种烹饪方法。操作过程与烧很相似，但小火加热的时间更长，火力也小，一般在半小时以上。

10. 炖

炖和烧相似，所不同的是，炖制菜的汤汁比烧菜的多。炖先用葱、姜炝锅，再冲入汤或水，烧开后下主料，先大火烧开，再小火慢炖。炖菜的主料要求软烂，一般是咸鲜味。

11. 蒸

蒸是以水蒸气为导热体，将经过调味的原料，用旺火或中火加热，使成菜熟嫩或酥烂的一种烹调方法。常见的蒸法有干蒸、清蒸、粉蒸等。

12. 氽

氽既是对有些烹饪原料进行出水处理的方法，也是一种制作菜肴的烹调方法。氽菜的主料多是细小的片、丝、花刀型或丸子，而且成品汤多。氽属旺火速成的烹调方法。

13. 煮

煮和氽相似，但煮比氽的时间长。煮是把主料放于多量的汤汁或清水中，先用大火烧开，再用中火或小火慢慢煮熟的一种烹调方法。

14. 烩

烩是将汤和多种菜混合起来加热成熟的一种烹调方法。用葱、姜炝锅或直接以汤烩制，调好味再用水淀粉勾芡。烩菜的汤与主料相等或略多于主料。

15. 炝

炝是把切配好的生料，经过水烫或油滑，加上盐、味精、花椒油拌和的一种冷菜烹调方法。

16. 腌

腌是冷菜的一种烹饪方法，是把原料在调味卤汁中浸渍，或用调味品加以涂抹，使原料中部分水分排出，调料渗入其中，腌的方法很多，常用的有盐腌、糟腌、醉腌。

17. 拌

拌也是一种烹饪方法，操作时把生料或熟料切成丝、条、片、块等，再加上调味料拌和即成。

18. 烤

烤是把食物原料放在烤炉中，利用辐射热使之成熟的一种烹饪方法。烤制的菜肴，由于原料是在干燥的热空气烘烤下成熟的，表面水分蒸发，凝成一层脆皮，原料内部水分不能继续蒸发，因此成菜形状整齐，色泽光滑，外脆里嫩，别有风味。

19. 卤

卤是把原料洗净后，放入调制好的卤汁中烧煮成熟，让卤汁渗入其中，晾凉后食用的一种冷菜的烹调方法。

20. 冻

冻是一种利用动物原料的胶原蛋白经过蒸煮之后充分溶解，冷却后能结成冻的一种冷菜烹调方法。

21. 拔丝

拔丝是将糖(冰糖或白糖)加油或水熬到一定的火候，然后放入炸过的食物翻炒，吃时能拔出糖丝的一种烹调方法。

22. 蜜汁

蜜汁是一种把糖和蜂蜜加适量的水熬制而成的浓汁，浇在蒸熟或煮熟的主料上的一种烹调方法。

23. 熏

熏是将已经处理熟的主料，用烟加以熏制的一种烹调方法。

24. 卷

卷是以菜叶、蛋皮、面皮、花瓣等作为卷皮，卷入各种馅料后，裹成圆筒或椭圆形后，再蒸或炸的一种烹调方法。

巩固与提高

通过以上学习，学生们对学习菜品盘式设计制作有了一定的认识和了解，使学生们懂得要想掌握这一技术还要认真学习，潜心研究，苦练基本功，规范操作，实践中学，实践中练。通过学和练，设计出新颖的菜品。

项 目 2
菜品外观和形状设计

项目导学

中国烹饪，历史悠久，菜品丰富，技术精湛，绚丽多彩。制作中国菜肴散发出的色、香、味，不仅可以享受口福，也可以使人们得到一种艺术享受和养生保健。对于许多爱好中餐菜品设计的同学来说，能亲手设计出形态美观、色彩鲜艳、味美可口、赏心悦目的精制菜品是我们烹饪专业生涯中最幸福的一项工作。我们将结合味型设计和调味设计进行菜品设计。

学习目标

- 学习完本项目内容后，同学们能掌握菜品外观和形状设计。

认知目标

- 通过学习，学生能掌握菜品外观和形状设计，理解并能分析设计对菜肴实际意义起到的作用，了解其在烹饪运用中的重要性。

技能目标

- 掌握菜肴外观和形状设计的思路。
- 了解并正确认知菜肴外观和形状设计注意事项。

情感目标

- 学生要有一定的职业素养和职业道德，要有学习理念和专业修养，安全生产，保证食品卫生和个人清洁。
- 同学之间要能相互协作、沟通，共同完成学习任务。
- 寓教于乐，增加感性认识，增进学习兴趣，开拓进取，具有创新意识。

任务1　菜品外观和形状设计思路

任务情境

学生娜娜毕业后进入一家四星级酒店工作，娜娜最近在设计酒店新的菜品。在设计过程中，学到了菜肴设计的思路和原则以及注意事项，得心应手并且得到了领导和同事的赞许，娜娜感受到了从未有过的尊重和重视。但是，最近娜娜又想在菜品的外观和形状上做做文章。

同学们，让我们跟着娜娜一起来设计一下她的新菜品吧，改变一下菜品的外观和形状。

任务要求

学习后我们将可以：

1. 明确菜品外观和形状设计的概念和作用。
2. 明确菜品外观和形状的定义。
3. 能正确说出并理解菜品外观和形状设计。
4. 能理解菜品外观和形状设计的作用。
5. 能用自己的方式向同学讲授菜品外观和形状设计的理念和思路。

任务书

娜娜在设计菜品上面总是对自己不满意，想从菜品的外观和形状上进行新的设计，请同学们帮娜娜解决这个难题。

1. 预读本章相关内容，查找资料。
2. 学生4人1个小组，去图书馆，看一看，查一查。选出并记录与本课程有关的知识。
3. 根据查出的资料提出相应的质疑待上课时提问。
4. 写出计划书。

任务资料

1. 相关知识及参考资料。
2. 查阅资料的过程中，学生学会与人沟通，以及团队的合作精神的培养。

知识准备

2.1.1　关于菜肴外观和形状的概念

形是指烹饪原料本身经刀工处理或后期烹调后表现出的形状，好的菜品形状设计可以更好地表达食材的质感，保留其本味和均匀入味。菜品形状经厨师烹制在装盘时恰当地表现菜品特色的装饰艺术，在菜品设计时，既要保持菜肴的风味特色，又要使菜肴的形态美观协调。

2.1.2 菜肴造型的形式美法则

①多样与统一。
②对称与平衡。
③重复与渐次。
④对比与调和。
⑤节奏和韵律。
⑥尺度与比例。

2.1.3 菜肴造型的主要途径

1）利用原料的自然形态造型

即利用整鱼、整虾、整鸡、整鸭，甚至整猪（烤乳猪）、整羊（烤全羊）的自然形状，加热后的色泽来造型。这是一种可以体现烹饪原料自然美的造型。

2）通过刀工处理来造型

即利用刀工把原料加工成各种美观的丝、末、粒、丁、条、片、段、块、花刀块，使这些原料具备大小一致、粗细均匀、花刀美观的半成品，为菜肴的造型奠定基础。

3）通过模具来造型

采用特殊加工方法将原料制成蓉后，将泥蓉打上劲，灌入模具定型，成为具有一定造型的菜肴生胚，再加热成菜。

4）通过手工造型

将原料加工成蓉、片、条、块、球等，再用手工制成“丸子”“珠子”，挤成“丝”“蚕”，编成“辫子”“竹排”，削成“花球”“花卉”，或用泥蓉、丁粒镶嵌于蘑菇、青椒内，使原料在成菜前就成了小工艺品。

5）通过加热来定型

原料在加热过程中，通过人为的弯曲、压制、拉伸来定型，或加热后用包扎、扣制、加压来定型。通过热处理后，不仅使原料成熟，成为一定风味的菜肴，而且使菜肴的形状确定下来。

6）通过拼装来造型

将两种以上的泥蓉状、块状、条状、球状等菜肴经过合理地组合，使菜肴产生衬托美、排列美。

7）通过容器来造型

一是选用漂亮合适的容器来盛装菜肴；二是用面条、土豆丝等制作盘中盘盛装菜肴；

三是选用瓜果原料，挖掉瓤子，并在表皮刻上花纹和文字变成容器，成冬瓜盅、南瓜盅来美化菜肴。

8）通过点缀围边来造型

点缀围边是菜肴制作的最后一关，也是最能体现美化效果的一道工序。用蔬菜、瓜果进行各种围边点缀，给人以清新、高雅之感。

任务实施

1. 课前布置任务实施建议

（1）教师解读任务书，布置任务。通过知识准备提供的知识对菜品设计进行定义。

（2）学生阅读任务书及任务资料，对不清楚的部分提问。

（3）分组讨论，合作完成任务，写出计划书（可以自学知识准备，查找资料，询问教师意见）。

2. 教师讲解、演示

教师检查计划书，针对学生对任务的理解、完成情况，进行适度讲解。

扩展提升

1. 菜肴造型的基本要求

（1）食用为主，造型为辅

（2）营养与美味兼顾

（3）质量与时效应迎合市场需要

（4）物尽其用，节约用料

2. 菜肴造型与盛器的选择

（1）盛器大小的选择

（2）盛器造型的选择

（3）盛器材质的选择

（4）盛器颜色与花纹的选择

（5）盛器功能的选择

（6）盛器的多样与统一

巩固与提高

1. 根据菜肴造型的途径，选取每个方法的代表作品，并尝试进行制作。

2. 将制作好的菜肴范例进行解析，并选取一个进行讲授。

任务 2 菜品外观和形状设计范例

任务情境

建民是某技术学校烹饪专业实习的学生，现在在一家星级酒店实习。厨师长安排他设计一款新颖的菜品，要求形态和造型上要比其他菜品有所创新。建民就按照厨师长的要求结合在学校所学的专业知识和工作经验，设计了一款新颖的菜品，厨师长对此给予充分肯定，建民因此得到了好评，后来这款菜品受到广大消费者的欢迎。

任务要求

1. 明确菜品设计需要。
2. 根据需要设计新颖菜品。
3. 根据菜品质量要求，做好菜品外观和形状设计。

任务书

1. 学习本节内容，查找资料。
2. 根据教师示范品种，并举例相关菜品设计。
3. 加强动手能力，写出实训报告。

任务资料

1. 相关知识和参考资料。
2. 实训设备：炉灶、炒锅、蒸锅、手勺、油盆、刀具、菜墩、餐具等。
3. 实训原料：不同品种，实训原料不同，详见实训食谱。

2.2.1 芙蓉金针菇

1）概述

芙蓉金针菇是选用草鱼经过去骨，剔刺，取净肉制蓉，制缔，造型，氽制后加入高汤装盘、点缀、装饰制成的一款菜品。此菜品色泽洁白如玉，光亮诱人，形似金针菇，口感柔嫩滑软。

2）原料的选用

草鱼：要选用新鲜草鱼，因为新鲜的草鱼肉紧、不松散，肉多刺少，持水性较高，有利于制作蓉缔类菜肴。

任务实施

1. 教师解读任务书，布置任务。
2. 学生阅读任务书及任务资料，对不清楚的部分提问。
3. 分组讨论，合作完成任务，写出计划书。
4. 教师讲解范例和演示范例。

菜品盘式设计范例示范（2 课时）

芙蓉金针菇

原料：

主料：草鱼 1 000 克。

配料：胡萝卜 200 克、小菜心 300 克。

调料：精盐 6 克、姜葱汁水 50 克、鸡精 2 克、清鸡汤 500 克。

辅助料：鸡蛋清 3 个、熟猪油 50 克。

工艺流程：

草鱼宰杀洗净→取净肉→制蓉→制缔→造型→氽制→成熟→点缀、装饰→成品

初加工：

1. 草鱼宰杀洗净，去骨刺，漂去血水后沥干，用食品搅拌机制蓉 500 克待用。
2. 小菜心洗净根部削成橄榄核型，胡萝卜洗净，切成 0.1 厘米细的长丝待用。

切配：

将鱼蓉加入 4 克精盐、2 克鸡精，分次加入姜葱汁水 50 克，上清汤 50 克，熟猪油 50 克，鸡蛋清 3 个混合搅拌制成鱼蓉。

烹调：

1. 将打好的鱼蓉装进裱花袋中，在裱花袋最底下开了一个小口，放一个类似圆珠笔口孔洞大小的模具，固定好，装进鱼蓉，挤紧，挤实，然后挤在涂满油的托盘上，呈金针菇形状，舀开水至托盘中，将金针菇烫熟，大概 15 秒，最后用刮板将成品芙蓉金针菇用胡萝卜丝捆扎成卷放入盛器中待用。

2. 炒锅洗净上火，加入清汤、盐、鸡精调味。清汤烧开后放入菜心氽熟，浇淋于芙蓉金针菇盛器中点缀、装盘成菜。

操作关键：

1. 取净鱼肉时应把鱼红、鱼刺取尽；鱼蓉制作尽量细腻。
2. 制缔时采用适量分次投料。
3. 氽制成熟火力不要过大，水温保持在70~80 ℃，时间保持在15秒左右。
4. 装饰、点缀要自然、美观、大方。

菜品特点：

色泽乳白，形状逼真，口感软嫩，营养丰富，老少皆宜。

任务评价与反馈

芙蓉金针菇实训操作评价标准（利用附评分表）：

1. 过程评价

序号	评价内容	评价标准	分值	得分
1	准备工作	原料、工具、餐具等准备得当	10	
2	初加工过程	加工过程合理，姿势、动作到位	20	
3	切配过程	符合切配要求，姿势、动作到位	20	
4	烹调过程	正确掌握火候，姿势、动作到位	20	
5	装盘与装饰	装盘、装饰美观	10	
6	个人卫生	工作衣帽整齐、干净、清洁，符合卫生标准要求	10	
7	环境卫生	整个过程及时打扫环境卫生，环境优良	10	

2. 成品评价

序号	评价内容	评价标准	分值	得分
1	初加工标准	草鱼宰杀、洗净，制蓉洁白、细腻	15	
2	切配标准	制缔厚度，劲道适当，色泽洁白，造型逼真	15	
3	烹调标准	氽制火候恰当，时间恰当，口感软嫩	15	
4	口味标准	口味咸鲜适口	15	
5	色泽标准	色泽乳白	15	
6	营养标准	营养搭配合理、丰富	10	
7	卫生标准	原料洗涤干净，餐具用具洗涤干净，加工、烹调过程符合卫生要求	15	

扩展提升

在以上菜品设计的基础上还可以创作出橄榄鱼圆等。菜品盘式设计要根据食材的性质、特点进行创作，因为各种食材的性质各不相同，有老、韧、脆、软、嫩。只有结合原料的特性，才能创造出好的菜品，适应消费者需求。

巩固与提高

1. 通过以上菜例的学习，你能做出什么菜肴?
2. 在选用制作芙蓉金针菇原料时，如果草鱼不新鲜，制作时会出现什么问题?
3. 试一试，如果老师给你其他鱼类品种，如黑鱼、花鲢，你能不能做出来?

2.2.2 珊瑚鱼

1）概述

珊瑚鱼是选用草鱼经过刀工、刀法，拍粉，油炸，加入调味汁装盘、点缀、装饰制成的一款菜品。此菜品色泽橙黄，刀工均匀，形似珊瑚，外酥内嫩。

2）原料的选用

（1）草鱼

要选用新鲜草鱼，因为新鲜草鱼肉紧不松散，有利于剞刀和在烹制后口感酥鲜。

（2）吉士粉

吉士粉是一种香料粉，呈粉末状，具有浓郁的奶香味，色泽呈浅黄色，优质的吉士粉粉末精细均匀，吉士粉有增香、增色、增松脆的作用。

任务实施

1. 教师解读任务书，布置任务。
2. 学生阅读任务书及任务资料，对不清楚的部分提问。

3. 分组讨论，合作完成任务，写出计划书。

4. 教师讲解范例和演示范例。

菜品盘式设计范例示范（2 课时）

珊瑚鱼

原料：

主料：草鱼 1 500 克。

配料：番茄沙司。

调料：精盐 0.5 克，白醋 100 克，绵白糖 150 克，葱 15 克，姜 10 克，黄酒 15 克。

辅助料：吉士粉 150 克，水淀粉 50 克。

工艺流程：

草鱼宰杀洗净→剞刀→腌制→拍粉→油炸→炒汁→浇汁→点缀、装饰→成品

初加工：

1. 草鱼宰杀洗净，用刀片成两片去鱼骨待用。

2. 葱去皮洗净，姜去皮洗净，待用。

切配：

将两片草鱼肉留皮用刀斜片成夹刀片，然后直刀切成丝，放入碗中，倒入精盐 0.5 克、葱 15 克、姜 10 克、黄酒 15 克，腌制 10 分钟，拍上吉士粉待用。

烹调：

1. 炒锅置火上，加入色拉油，待油温五成热时，放入剞过花刀拍上吉士粉鱼胚，炸至色泽金黄、外酥内嫩捞出摆在盘中。另用一炒锅加入番茄沙司 100 克、白醋 100 克、绵白糖 150 克，熬成汁后用水淀粉勾芡，再加入色拉油于浓汁中，浇在炸好的鱼坯上。

2. 装盘、点缀即可。

操作关键：

1. 动刀时要鱼胚留皮改成夹刀片再切丝，切丝的时候要直刀锯切避开鱼刺，刀工要均匀。

2. 炸制时，油温要控制在五至六成热投料炸制定型。

3. 熬汁时火力不要过大，汁芡呈糊芡，要适中。

4. 装饰、点缀要自然、美观大方。

菜品特点：

色泽红亮，酸甜适口，外酥内嫩，菜肴新颖。

任务评价与反馈

珊瑚鱼实训操作评价标准（利用附评分表）：

1. 过程评价

序号	评价内容	评价标准	分值	得分
1	准备工作	原料、工具、餐具等准备得当	10	
2	初加工过程	加工过程合理，姿势、动作到位	20	
3	切配过程	符合切配要求，姿势、动作到位	20	
4	烹调过程	正确掌握火候，姿势、动作到位	20	
5	装盘与装饰	装盘、装饰美观	10	
6	个人卫生	工作衣帽整齐、干净、清洁，符合卫生标准要求	10	
7	环境卫生	整个过程及时打扫环境卫生，环境优良	10	

2. 成品评价

序号	评价内容	评价标准	分值	得分
1	初加工标准	草鱼宰杀、洗净	15	
2	切配标准	草鱼改刀成鱼坯，再剞花刀大小均匀	15	
3	烹调标准	火候恰当，外酥内嫩，汁芡适中	15	
4	口味标准	口味酸甜适口	15	
5	色泽标准	色泽红亮、油亮	15	
6	营养标准	营养搭配合理、丰富	10	
7	卫生标准	原料洗涤干净，餐具用具洗涤干净，加工、烹调过程符合卫生要求	15	

扩展提升

在以上菜品设计的基础上，还可以创作出松鼠鱼等菜肴。菜品盘式设计要根据食材的性质、特点进行创作，因为各种食材的性质各不相同有老、韧、脆、软、嫩。只有结合原料的特性，才能创造出好的菜品，才能适应消费者需求。

巩固与提高

1. 通过以上两个菜例学习，你能做出什么菜肴?
2. 在选用制作珊瑚鱼的原料时，如果草鱼不新鲜，鱼肉会出现什么问题?
3. 试一试，如果老师给你一条草鱼和其他配料，你能不能做出其他菜肴来?

项 目 3
菜品色彩设计

项目导学

饮食是人们生存的基础，随着社会生产力的提高和人们物质生活的改善，我国烹饪也取得了丰硕成果。人们对菜品制作提出了新的要求，对美食的要求越来越强烈。菜品色彩的搭配是否恰当，外观的好坏，不仅影响菜品的质量，而且影响人们的情绪和食欲。因此，对许多爱好中餐菜品色彩设计的同学来说，能亲手设计出形态美观、色彩鲜艳、味美可口、赏心悦目的精制菜品是我们烹饪专业生涯中最幸福的一项工作。我们将结合味型设计和调味设计进行菜品色彩设计。

学习目标

- 学习完本项目内容后，同学们能掌握菜品色彩设计。

认知目标

- 通过学习，学生应能掌握菜品色彩设计，理解并能分析色彩设计对菜肴实际意义起到的作用，了解其在烹饪运用中的重要性。

技能目标

- 掌握菜肴色彩设计的思路。
- 了解并正确认知菜肴色彩设计的注意事项。

情感目标

- 学生要有一定的职业素养和职业道德，要有学习理念和专业修养，安全生产，保证食品卫生和个人清洁。
- 同学之间要能相互协作、沟通，共同完成学习任务。
- 寓教于乐，增加感性认识，增进学习兴趣，开拓进取和创新意识。

任务 1　菜品色彩设计思路

任务情境

烹饪专业学生孙悦毕业后进入一家四星级酒店工作。孙悦最近在设计酒店的新菜品，在设计过程中，学习到了菜肴设计的思路和原则及注意事项，得心应手并且得到了领导和同事的赞许，孙悦心里感受到了从未有过的尊重和重视。但是，最近孙悦又想在菜品的色彩搭配和设计上做做文章。

同学们，让我们跟着孙悦一起来设计一下他的新菜品，且改变一下菜品的色彩让我们的菜肴色彩更加协调吧！

任务要求

学习后我们将可以：

1. 明确菜品色彩设计的概念和作用。
2. 明确菜品色彩的定义。
3. 能正确说出并理解菜品色彩设计。
4. 能理解菜品色彩设计的作用。
5. 能用自己的方式向同学讲授菜品色彩设计理念思路。

任务书

孙悦在设计菜品上面总是不满意自己设计的菜品，想从菜品的色彩上进行新的设计，请同学们帮孙悦解决这个难题。

1. 预读本章相关内容，查找资料。
2. 学生 4 人 1 个小组，去图书馆，看一看，查一查。选出并记录与本课程有关的知识。
3. 根据查出的资料提出相应的质疑待上课时提问。
4. 写出计划书。

任务资料

1. 相关知识及参考资料。
2. 查阅资料的过程中，学生学会与人沟通，以及团队的合作精神的培养。

知识准备

3.1.1　如何设计菜肴色彩

菜肴的颜色安排与协调，不仅能增进食欲，而且能给人以美的艺术享受。菜肴色彩设计就是合理、巧妙地利用原料和调料的颜色，外加点缀色彩、器皿颜色，使菜肴的颜色悦人之目。

①注重原料本色，原料色彩的合理组合，是为了最大限度地衬托出菜肴的本色和质地美。因此，在制作菜肴色泽上，应合理地突出原料的本色，而不是借助于色素来制作菜肴，使人们饮食安全放心。

②色彩配制符合食用，菜肴颜色不能片面追求色彩漂亮而大量采用没有食用价值或口感不好的生料，因为菜肴的制作是给人们食用的，而不是纯工艺品，恰当的配制菜肴色彩而又能给人们以美食享受，是菜肴色彩制作的关键。

③色彩和谐统一。原料色彩组合时，要防止色彩混乱，要注意主料与配料、菜与盆子、菜与菜、菜与台布的色彩调配，使菜肴既丰富多彩，又不落俗套，既鲜艳悦目，又要层次分明，绝不能千篇一律。

3.1.2　色彩在烹饪中的意义和作用

颜色可以使人产生某些奇特的感情，色彩是构成烹饪艺术美的要素之一，也是最能表现烹饪艺术美的形式之一，色彩的重要性仅次于味。菜点的色彩与人的口味、情绪、食欲有以下一些联系：

①红色——热烈、庄严、兴奋。能刺激神经系统产生兴奋，促进肾上腺素分泌，增强血液的循环。

②橙色——热情、严肃、快乐。可以增强活力，诱发食欲，有助于人体对钙的吸收，有利于恢复和保持健康。

③绿色——新鲜、自然、大方。有益于消化，促进身体平衡，并能起到镇静作用。

④青色——秀丽、朴素、清冷。能减少或停止出血，减轻神经对疼痛的感觉。

⑤蓝色——清秀、清凉、广阔、朴实。能调整体内平衡，消除紧张情绪，有助于减轻头痛、发热和失眠。

⑥紫色——珍贵、华丽、高贵。对运动神经、淋巴系统和心脏系统有调节作用。

除此之外，菜肴的颜色还能给人以味质的联想，如白色给人以淡雅、软嫩、清淡、本味突出之感；红色给人味道浓厚、香甜之感；淡黄色给人脆嫩的感觉；金黄色给人香脆、酥松的感觉；绿色给人清淡、爽脆、新鲜之感；黑色给人焦苦感，但是，近似黑色的栗色、枣红色却能给人以味浓、干香的感觉。

3.1.3　色彩在烹饪中的运用

色彩给人们的情感以极大的影响，色彩左右着人们的精神、气质和行为，也强烈地影响人们的食欲。从这一角度看，色彩在烹饪的运用是与制作相关的。色彩学原理对菜肴的配色是非常有用的。在烹调上，对色彩运用有独特的艺术性，归纳起来有3种：天然色彩搭配、调料加色、烹调变色。

1）天然色彩搭配

天然色彩搭配是依据原料的固有色彩进行合理搭配，形成美感。在配料时尽可能利用原料的固有本色烹制菜肴，这种运用法叫“本色法”。本色法一般用于单一原料的菜肴，如滑炒虾仁，炒制不加任何有色调料，成品晶莹剔透、略显红色，本质之美体现无遗。巧妙地运用本色法有天然雕饰之妙。但是运用原料“本色”也有很多诀窍，如白色的原料过油，必须用猪油，不能用植物油或炸过其他东西的油，否则容易变黄，达不到明净的要求。又如绿色蔬菜要经过沸水焯过（有的还要加点纯碱焯），再放凉水中浸泡透才能翠绿、鲜艳夺目，比原有的“本色”还美，但焯的时间不宜过长。“五彩炒蛇丝”采用不同色相的原料搭配，更能呈现出感觉悦目、五彩缤纷的效果。

2）调料加色

调料加色，即通过各种调料形成不同色彩。如红烧肉或红焖肉的炒糖色，加酱油形成深红润色；烧鹅抹上麦芽糖，烧烤后形成枣红色；南乳扣肉加红色腐乳形成粉红色；咖喱鸡块加咖喱粉形成鲜艳的金黄色；为了突出蚝油焖鸡这个菜肴的浓郁风味，烹制时加老抽和蚝油调成浅酱红的芡色。这种加色法，通过加入不同数量的不同调料和适当地处理，可以形成变化万千的色彩。

3）烹调变色

烹调变色是指在烹制加热中改变原料原有色泽。由于加热过的各种原料在不同程度上受热，产生物理变化，使原料在加热、成菜这一过程中，固有色发生不同的变化。如龙虾、活蟹、活沙虾这些原来有褐色斑点或蓝色斑点的原料，通过蒸汽蒸或水煮、煎、炸等烹调方法后，表面变成鲜红色彩。这是因为这些原料机体中有显色物质的存在，其显色物质就是色素细胞所含的胡萝卜素、虾青素等，大红脆皮鸡、乳猪、炸乳鸽等菜肴，是由于炸、烤等烹制过程改变原料的表皮色泽，使其呈光亮的金黄或枣红色。

任务实施

1. 课前布置任务实施建议

（1）教师解读任务书，布置任务：通过知识准备提供的知识对菜品设计进行定义。

（2）学生阅读任务书及任务资料，对不清楚的部分提问。

（3）分组讨论，合作完成任务，写出计划书（可以自学知识准备，查找资料，询问教师意见）。

2. 教师讲解、演示

教师检查计划书，针对学生对任务的理解、完成情况，进行适度讲解。

扩展提升

烹饪图案美的法则

任何艺术作品，为了体现出艺术效果，都必须遵循一些图案美的基本法则，烹饪图案也不例外。图案美的规则是反映美的客观事物的因素之间的必然性联系和规律。

1. 对称与平衡

对称与平衡是构成烹饪图案形式美的一个基本法则。

对称类似均齐，是同形同量的组合，体现了秩序和排列的规则性，如鸟的翅膀、蝴蝶的翅膀、熊猫的双耳、花木的对牛叶等，都形成对称均齐的状态。对称造型的图案可产生平衡、序重、宁静、统一的感觉，其形式有左右对称、上下对称、斜角对称和多面对称等。

平衡是以同量不同形的组合取得均衡稳定的形式。运动的物体要通过平衡来掌握重心，才能稳定，如表现走动的雄鸡、俯冲的鹰、开屏的孔雀等。平衡就是要掌握好造型的上下、左右、对角之间的轻重分量。

平衡与对称有所不同，它虽然要求左右或上下在量上的大体一致或相等，但形体却不必相同。

对称形式宜于表现静态，平衡就要以瞬间静止表现运动着的形象。

对称的造型图案饱满，端庄统一，条理性、装饰性强，但如果处理不当或多用显得呆板、单调、缺少活力。平衡的造型活泼自由、富有生命感、使人振奋，但处理不当又容易杂乱，因此两者应结合使用，以一种形式为主，或在平衡中求对称，或在对称中兼有平衡的运用，这样容易获得理想的效果。

2. 对比与调和

对比与调和是指色彩在调配时要掌握两个方面的规律：一是色彩的对比，二是色彩的调和。

对比是两个极不相同的东西互相比较而并存在一起，对比的两极处于一体中形成强烈的对比，可以表现出急剧和强烈的变化，给人以鲜明、醒目、跳跃、活泼等情趣。对比可以体现在形如大与小，宽与窄，高与低，曲与直，粗与细，凸与凹，长与短，棱与圆等。

调和是两个相近的东西并列在一起。调和可以表现在色彩形状上，如圆桌上放圆碗、圆盘、圆杯等就是一种调和的关系。不同原料在个菜品中相配，形状上讲究“丁配丁”“丝配丝”，如以肉丁为主料时笋肉也要切成丁，而不能切成丝。炒鸡丝，鸡肉切丝，那么笋肉、香菇也应切成丝，而不能切成片。这其中就包含着调和的法则。

调和表现在色彩上，如红、橙、黄、绿、青、蓝、紫，在这七色中相邻的两色，如红与橙、橙与黄、黄与绿、绿与青、青与蓝、蓝与紫等，它们两者在一起时就是一种调和关系。同一色中浓淡深浅层次变化的不同，如红与粉红、绿与浅绿，也是一种调和关系。

运用调和法则会给人带来融洽、适宜、安定、自然的心里感觉。

3. 节奏与韵律

节奏与韵律两者之间的相互关系，是节奏的呼应，韵律的回环，并最终诉诸意境的表现。

节奏是指有规律、有秩序的连续变化和运动。如音乐中交替出现的有规律的强弱、长短音调，绘画中的疏密相间，建筑上的层层叠叠、排列有序，舞蹈里的某个动作重复出现等都是节奏的体现。艺术上的节奏，实质上是自然界物质运动节奏的反映。日出日落、月圆月缺、寒暑交替、春秋代序，这是时间变化的节奏。人们从这种自然节奏中发现了美的意义。

菜肴的造型和摆盘也能表现出强烈的节奏感。形状的有规律的重复，有秩序的排列，线条、形体之间有条理的连续，颜色之间交替重复出现，都可以产生节奏。

韵律是在节奏的基础上更深层次的内容和形式的有规律的变化统一。一条直线如果有长短或粗细变化，有疏有密的渐变，有浓有淡的层次变化，就会表现出不同的韵律。

4. 多样与统一

多样与统一是烹饪图案的重要法则。多样与统一在哲学上称为对立统一。多样包含了对比等因素，而统一包含了对称、调和、平衡、均齐等因素。

多样是对于相对单调、平庸、划一而言。单调、平庸不能表现复杂多变的事物，不能唤起人们观赏它的兴趣，也是无所谓美的。毫无参差的事物在世界上也是不存在的。大至宏观世界，小至微观世界，无处不存在着矛盾、变化的关系。多样体现着不同事物个性间的千差万别，使人从中领略运动、变化的乐趣。但是，仅仅有多样并不等于美。杂乱无章、乱施装点、光怪陆离只能使人头晕目眩。艺术的精髓乃在于既要多样，又要统一。平铺直叙、没有起伏、没有曲折、没有变化、没有对比不是艺术。艺术就是要在变化中求统一，在对比中求调和，在曲折中求方圆，在运动中求平静，在虚幻中求实体。

多样统一使人感到既丰富又单纯，既活泼奔放又协调有序。因此，当一个菜品要使用多种颜色的原料时，色彩应协调统一，才能达到既丰富又和谐的美感。只注意多彩，不注意统一就会产生凌乱之感。总之，要在多样中求统一。多样与统一结合，才会给人美感。这也是图案美的法则。

巩固与提高

1. 根据菜肴色彩搭配在烹饪中的应用选取一个代表作品并尝试进行制作。
2. 将制作好的菜肴范例进行解析并进行讲授。

任务 2　菜品色彩设计范例

任务情境

王健是职业学校烹饪专业实习的学生，被分在一家星级宾馆里实习，厨师长想试试他到底有多大实力，就让他设计一款新颖的菜肴，王健答应了厨师长要求。结合工作经验和在学校所学到的专业知识，设计了一款新颖的菜品，厨师长看了之后对此给予了充分肯定，王健因此得到了好评，后来这款菜品深受消费者的欢迎。

任务要求

1. 明确菜品色彩设计需要。
2. 根据需要设计新颖菜品。
3. 根据菜品质量要求，做好菜品设计。

任务书

1. 学习本节内容，查找资料。
2. 根据教师示范品种，例举相关的菜品设计。
3. 加强动手能力，写出实训报告。

任务资料

1. 相关知识和参考资料。
2. 实训设备：炉灶、炒锅、蒸锅、手勺、油盆、刀具、菜墩、餐具等。
3. 实训原料：不同品种，实训原料不同，详见实训食谱。

知识准备

3.2.1　五彩鱼线

1）概述

五彩鱼线是选用白鱼、墨鱼经过制蓉、制缔，佐以4种菜汁裱成五色鱼线氽熟，搭配炖制酥烂的素狮子头，加入高级清汤芡装盘、点缀、装饰制成的一款菜品。此菜品色泽艳丽，鱼线口感滑爽，素狮子头软糯味醇，营养搭配丰富。

2）原料的选用

（1）白鱼

要选用新鲜白鱼，因为白鱼肉质特别细腻洁白，口味鲜美，出肉率高，吃水量大，制作出的鱼线口感细腻鲜美。

（2）墨鱼

新鲜墨鱼营养丰富且胶质较多肉质富有较弹性，用来混合在白鱼蓉中制作鱼线以提升鱼线的口感和韧性。

任务实施

1. 教师解读任务书，布置任务。
2. 学生阅读任务书及任务资料，对不清楚的部分提问。
3. 分组讨论，合作完成任务，写出计划书。
4. 教师讲解范例和演示范例。

菜品盘式设计范例示范（2课时）

五彩鱼线

原料：

主料：白鱼净肉 500 克，墨鱼净肉 300 克。

配料：胡萝卜汁 100 克，菠菜汁 100 克，金瓜汁 100 克，墨鱼汁 30 克。

调料：精盐 6 克，姜葱汁水 50 克，鸡精 2 克，清鸡汤 500 克。

辅助料：鸡蛋清 3 个，熟猪油 50 克。

工艺流程：

净肉洗净→制蓉→调色→定型→汆制→待用

初加工：

将白鱼肉、墨鱼肉粉碎制蓉。

切配：

1. 将鱼蓉加入 4 克精盐，2 克鸡精，上清汤 50 克，熟猪油 50 克，鸡蛋清 3 个混合搅拌制成鱼蓉。

2. 将混合鱼蓉分成 5 份分别调入四色汁再混合上劲备用。

烹调：

将打好的五色鱼蓉装进裱花袋中，在裱花底最底下开了一个小口，放一个直径 0.5 厘米孔洞大小的模具，装进鱼蓉，挤紧、挤实。裱出各色鱼线后投入温度 70~80 ℃汆熟（20 秒）捞出沥水待用。

素狮子头

原料：

主料：豆腐 750 克，熟冬笋 100 克，水发香菇 100 克，山药 200 克，荸荠 100 克。

配料：鸡蛋 2 个。

调料：葱姜汁 10 克，白酱油 10 克，味精 5 克，蘑菇精 3 克，精盐 10 克，三吊清汤 1 000 克。

辅助料：土豆粉 75 克，淀粉 30 克。

工艺流程：

备料→混合→炖制→待用

初加工：

1. 将山药煮熟，豆腐去老皮粉碎。

2. 将土豆粉入锅中炒香。

切配：

1. 将煮熟山药去皮切 0.5 厘米见方的丁，香菇、熟冬笋、荸荠切丁。

2. 将上述原料混合，加姜、葱末、鸡蛋、盐、味精、炒香土豆粉、湿淀粉混合搅拌成黏性缔子，再做成球状生坯。

烹调：

将素狮子头入三吊汤 800 克、煨 30 分钟至酥烂待用。

成菜组配：

1. 将素狮子头捞出，一字排开装在盘中。
2. 五彩鱼线一次整齐覆盖在狮子头上。
3. 起锅上笼蒸制 3 分钟，用剩余三吊汤加入蘑菇精调味后打琉璃芡淋于菜肴上即可点缀装盘。

操作关键：

1. 鱼蓉制作尽量细腻，墨鱼老皮需处理。
2. 制缔时采用适量分次投料。
3. 氽制成熟火力不要过大，水温保持在 70~80 ℃，时间保持在 15 秒左右。
4. 制作狮子头时搅拌需上劲，投料与取出时注意力度。
5. 切制狮子头配料时注意料型大小，切勿大小不一。

色泽五彩缤纷，口味咸鲜柔和，鱼线滑爽弹压，狮子头鲜香软糯。

任务评价与反馈

五彩鱼线实训操作评价标准（利用附评分表）：

1. 过程评价

序号	评价内容	评价标准	分值	得分
1	准备工作	原料、工具、餐具等准备得当	10	
2	初加工过程	加工过程合理，姿势、动作到位	20	
3	切配过程	符合切配要求，姿势、动作到位	20	
4	烹调过程	正确掌握火候，姿势、动作到位	20	
5	装盘与装饰	装盘、装饰美观	10	
6	个人卫生	工作衣帽整齐、干净、清洁，符合卫生标准要求	10	
7	环境卫生	整个过程及时打扫环境卫生，环境优良	10	

2. 成品评价

序号	评价内容	评价标准	分值	得分
1	初加工标准	鱼线制蓉是否细腻，狮子头配料香菇需洗净泥沙	15	
2	切配标准	鱼蓉上劲妥当，狮子头制缔合理	15	
3	烹调标准	火候恰当、汁芡适中	15	
4	口味标准	口味咸鲜适口，狮子头醇香怡人	15	

续表

序号	评价内容	评价标准	分值	得分
5	色泽标准	色泽自然和谐，素雅大方	15	
6	营养标准	营养搭配合理、丰富	10	
7	卫生标准	原料洗涤干净，餐具用具洗涤干净，加工、烹调过程符合卫生要求	15	

扩展提升

在以上菜品设计的基础上，还可以创作出彩色鱼夹、五色鱼肉狮子头等菜品。鱼蓉类菜品设计要根据食材的性质、特点进行创作，利用鱼蓉原料在色泽上的特性，以食材天然色源的多样化来进行菜品设计搭配，要结合现代消费者需求使菜品荤素搭配合理，各种营养均衡。

巩固与提高

1. 本菜用什么方法使得狮子头凝结不散？
2. 鱼线制作过程中，为何不单单使用白鱼蓉而混合加入了墨鱼？

3.2.2 胭脂鹅脯

胭脂鹅脯，主要原料有鹅脯等，成品肉嫩而丰。制作时，将鹅治净，先用盐腌，然后烹制成熟，鹅肉呈红色，故曰胭脂鹅脯。

原料的选用

鹅肉含有人体生长发育所必需的各种氨基酸，其组成接近人体所需氨基酸的比例。从生物学价值上来看，鹅肉是全价蛋白质，优质蛋白质。鹅肉中的脂肪含量较低，仅比鸡肉高一点，比其他肉低得多。鹅肉不仅脂肪含量低，而且品质好，不饱和脂肪酸的含量高，特别是亚麻酸含量均超过其他肉类，对人体健康有利。鹅肉脂肪的熔点也很低，质地柔软，容易被人体消化吸收。

八角，又称茴香、大料，其主要成分是茴香油，它能刺激胃肠神经血管，促进消化液分泌，增加胃肠蠕动，有健胃、行气的功效。在烹饪运用中，八角是制作冷菜及炖、焖菜肴中不可少的调味品，其作用为其他香料所不及，也是加工五香粉的主要原料。

任务实施

1. 教师解读任务书，布置任务。
2. 学生阅读任务书及任务资料，对不清楚的部分提问。
3. 分组讨论，合作完成任务，写出计划书。
4. 教师讲解范例和演示范例。

菜品盘式设计范例示范（2 课时）

胭脂鹅脯

原料：

光鹅 1 只（约 3 500 克）。

调料：

料酒 50 克，盐 30 克，味精 10 克，红曲粉 30 克，白糖 30 克，蜂蜜 20 克，香油 10 克。

料包：

花椒 5 克，八角 2 克，桂皮 2 克，白芷 1 克，葱姜各 50 克，纱布 1 张。

操作流程：

鹅宰杀洗净→腌制→焯水→煮制出骨→卤制→改刀→成品

初加工：

1. 将鹅宰杀、褪毛、取出内脏、洗净。
2. 将花椒 5 克，八角 2 克，桂皮 2 克，白芷 1 克和葱姜各 50 克用纱布包其做成香料包。

烹调：

1. 先把光鹅用 15 克盐腌制 1 小时，再将光鹅入冷水锅加热至紧皮、血污析出，捞出冲凉洗净。

2. 将鹅入冷水锅，加料包，料酒 50 克，盐 15 克，味精 10 克，红曲粉 30 克，旺火煮至沸腾，转小火煮至 8 成熟，下火静置 120 分钟，使之入味、上色。

3. 装盘：将鹅取脯肉，带皮切成 3 厘米长、2 厘米宽、1 厘米厚的菱形块。将鹅块排成圆形，再摆第二层，圈口小于第一层 1 厘米，摆第三层，圈口小于第二层 1 厘米。

4. 将卤鹅原汁浇于鹅上即成。

操作关键：

1. 在宰杀鹅时需放尽鹅血，防止血残留肌肉内，影响美观。
2. 煮制出骨时要注意不能将鹅肉煮得太烂，妨碍下一步的操作。
3. 鹅脯改刀要注意规格一致，大小均匀。

菜品特点：

色泽胭红，咸鲜适中，刀工整齐，酥嫩韧香，装盘美观。

任务评价与反馈

胭脂鹅脯实训操作评价标准(利用附评分表)。

1. 过程评价

序号	评价内容	评价标准	分值	得分
1	准备工作	原料、工具、餐具等准备得当	10	
2	初加工过程	加工过程合理，姿势、动作到位	20	
3	切配过程	符合切配要求，姿势、动作到位	20	
4	烹调过程	正确掌握火候，姿势、动作到位	20	
5	装盘与装饰	装盘、装饰美观	10	
6	个人卫生	工作衣帽整齐、干净、清洁，符合卫生标准要求	10	
7	环境卫生	整个过程及时打扫环境卫生，环境优良	10	

2. 成品评价

序号	评价内容	评价标准	分值	得分
1	初加工标准	鹅的宰杀、洗净	15	
2	切配标准	鹅脯改刀，规格一致，刀工整齐	15	
3	烹调标准	酥嫩韧香	15	
4	口味标准	咸鲜适中	15	
5	色泽标准	色泽胭红、油亮	15	
6	营养标准	营养搭配合理、丰富	10	
7	卫生标准	原料洗涤干净，餐具用具洗涤干净，加工、烹调过程符合卫生要求	15	

扩展提升

在以上菜品设计的基础上，还可以创作出酱汁肉、酱鸭等菜肴。菜品盘式设计要根据食材的性质、特点进行创作，因为各种食材的性质各不同，有老、韧、脆、软、嫩。只有结合原料的特性，才能创造出好的菜品，才能适应消费者需求。

巩固与提高

1. 通过以上的菜例学习，你能做出什么菜肴?
2. 在制作胭脂鹅脯时，如果烹调加热时间过久，鹅脯改刀时会出现什么问题?
3. 试一试，如果老师给你一只鹅和其他配料，你能不能做出其他菜肴来?

项 目 4
菜品质感设计

项目导学

在日常生活中，人们似乎更热衷于议论菜肴的色、香、味、形、器，对于菜肴的质似乎较少提及。这是因为，人们在品尝菜肴时往往容易将菜肴的质感与味感相混淆，因为菜肴的味感与质感均需在口腔中经过咀嚼才能感受到。通过咀嚼后，舌头上的味蕾将味感通过味觉神经系统传输给大脑中枢神经。同时，菜点在口腔中咀嚼、滚动、摩擦时被齿龈和软、硬腭感觉到的一系列感觉，即质感，也通过触觉神经系统传送给大脑。这两者往往相互掺杂，相互影响，且前后传输给大脑的信号间距较短。所以，人们在品尝菜肴时，对菜肴的味、质均感到满意时，往往会说："味道好""好吃"，这其中的"味"实际上便包含了"质"。

学习目标

✧ 学习完本项目内容后，同学们能掌握菜肴质感的定义，烹饪原料质地之间的不同，烹饪方法对菜肴质感的影响，从而为设计各类菜肴打下坚实的基础。

认知目标

✧ 通过学习，学生能掌握烹饪方法对质感的影响。

技能目标

✧ 能够分辨出各种烹饪原料之间质地的不同。
✧ 正确掌握菜品质感设计的方法。
✧ 根据烹饪原料质地的不同，能灵活多样地设计各类菜肴。

情感目标

✧ 实训学生要有一定的职业素养和职业道德，要有学习专业理念、技能和专业修养，安全生产，保证食品卫生和个人清洁。
✧ 同学之间能相互协作、沟通，共同完成学习任务。
✧ 寓教于乐，增加感性认识，增进学习兴趣，开拓进取和创新意识。

任务1　菜品质感设计思路

任务情境

小周是一名刚毕业的烹饪专业学生，他在一家五星级酒店的中餐厨房实习过程中，发现师傅经常提到菜肴吃起来不仅要味道好，还要口感好，这样才能真正让客人满意。味道好，小周不是很难理解，那么什么是口感好呢？硬、软、滑、嫩、酥、糯、脆等这些口感是如何体现出来的呢？同学们，让我们和小周一起，找出质感的秘密吧。

任务要求

通过学习，我们将：

1. 明确菜品质感的定义。
2. 能根据菜肴质感的要求，正确地选取各种质地不同的烹饪原料。
3. 能根据烹饪方法的不同，对菜品的质感进行设计。
4. 能根据初加工方法的不同，对菜品的质感进行设计。

任务书

厨师长给小周下了任务单，让他根据客人的要求，结合所学知识，设计出一桌适合老年人吃的宴会菜单，如果你是小周，该怎么设计呢？

1. 预读本章相关内容，查找资料。
2. 学生分组，利用所学的知识和掌握的烹饪方法，选取牛肉不同的部位分别制作出一道口感为“鲜嫩”的菜肴及一道口感为“酥烂”的菜肴。
3. 根据所选原料确定自己要做的菜品。
4. 写出计划书。

任务资料

1. 相关知识和参考资料。
2. 多媒体。

知识准备

质感，也叫“质地”“口感”，可称之为“菜之性格”或“菜之个性”。质感有两种：一是原料本身自有的特性称为质地；二是通过烹饪技法加工处理而改变原料质地的菜品，在人们口中咀嚼的感觉所应具备的特性常称质感，其表现有硬、软、绵、嫩、酥、糯、脆等。在我们的实际菜肴制作中，真正能对原料产生改变其质地的是烹饪加工方法。因此，应用各种技法对原料进行加工，改变原料菜品的质地来设计出无数的菜肴。

4.1.1 菜肴质感的分类

菜肴的质感通常有以下几个方面：

1）脆

菜肴入口后经过牙齿碰撞随即而裂，并在受到外界力的作用下，顺着裂纹一直裂开，势如破竹，虽然会有一种抵抗力，但给人感受比较轻松、省力。如植物性菜肴中的清炒青瓜、芦荟、西芹、莴笋，油炸的锅巴、花生米等。

2）酥

菜肴入口后经过牙齿咬合，有的甚至只经唇齿碰撞即散碎成为碎渣，只需很轻的外界作用力即可达到粉碎的目的，其过程中只会产生一种极小的反作用力，给人一种轻松、舒适的感受，如各类油酥点心、香酥系列菜。

3）嫩

菜肴入口后，有光滑之感，原料含水量较高，一嚼即碎，但不同于酥之碎，没有什么抵抗力，有的甚至可以做到“入口即化”，是人们非常乐意接受的一种质感，如芙蓉鸡片、麻辣豆腐、炒鱼丝等。

4）韧

菜肴入口后有一定的弹性和韧度，牙齿在咀嚼时会产生一定的抵抗力，强度不大，但时间较长，人长时间咀嚼会有一定程度的疲劳感，如蹄筋（发制及烹制时间适当）、干煸鱿鱼、牛肉，水发干竹笋等均有此感觉。

5）烂

菜肴进入口腔后即化，产生的抵抗力极其微弱，几乎不用咀嚼。动物性和植物性原料在经长时间炖、蒸、煮后都可以达到这种质感。

6）糯

菜肴入口后有一种黏附性，给人一种似软非软、似硬非硬的特殊感觉，一般在一些用糯米粉制作的点心类当中比较常见，如水煮汤圆、南瓜饼等。

7）滑

菜肴入口后滑腻感很强，摩擦力、阻力均很小，稍不注意便下咽入肚。它常与嫩相结合，产生既滑又嫩的感觉，如芦荟羹、西湖莼菜羹、文蛤蒸水蛋等。

8）硬、松

这是两种对立的菜肴质感。硬指质地坚实，在咀嚼时抵抗力较强，需用较大力才能嚼碎，如风干系列菜；而松即与硬成对比，常与酥相结合，产生松酥之质感。

4.1.2 影响菜肴质感的因素

不同的菜肴均有不同的质感，而这些特有的质感大多正是食客所乐意接受和欢迎的。

影响菜肴质感的因素很多，通常应从原料的选择、加工处理、烹调、装盘、温度等方面综合考虑。

1）烹饪原料的正确选择，是保证菜肴特有质感的要素

不同的烹饪原料均有不同的质感，是因为其组织结构、化学成分不同所致。相同的烹饪原料还因其产地、季节、成熟度及饲养、种植方法的不同而有所区别。不同产地的鲍鱼、燕窝其质地相差较大。端午时节出产的鲥鱼其质量最佳，深秋时节的螃蟹正肥，正如随园食单中所说："山笋过时则味苦，萝卜过时则心空，万鲚过时则骨硬，鲫鱼过时则味寡。"充分说明了季节对原材料质的影响。另外还有原料的成熟度方面的差异，如仔鸡与老母鸡、发青的番茄与熟透的番茄等，以及饲养和种植方法的不同，如家养的甲鱼与野生甲鱼，围栏用饲料喂养的鸡与落地放养吃五谷杂长大的鸡，野生的蔬菜与家种的蔬菜等，在质地上均有较大区别，也将极大地影响到成菜的质地。另外，同一原料选用的部位不同，成菜后的质感也不尽相同。同是猪肉，里脊与五花肉的质感则区别很大，牛柳与牛腩相差甚远，蔬菜的叶与茎、根部与顶部质地均有明显区别。

2）采用不同的加工方法，也影响着成菜后的质感

传统的干货原料、腌制过的原料，主要目的是为了能够更长时间地保存原料，但是现在人们能够使用冰箱、冰柜等各种现代化的设备来储存各种新鲜原料，为什么干货原料的魅力依旧不减呢？主要是因为某些新鲜的植物性原料，经腌制后不仅保持了原料的脆性，更增加了韧性和弹性，使口感更加趋于丰富。动物性原料经腌制后，其韧性增加，质地变得坚实，改变了风味，也丰富了质感。烹饪原料通过脱水干燥，也可以丰富并且改变材料的质感，如各种干制的蔬菜、风干的肉类等，都能产生特殊的风味。但当动物性原料在经过低温冷冻保存后，由于细胞张力受到破坏，持水能力下降，从而使原料原有的弹性、韧性受到破坏并影响到原料的风味特点。因此，正确的解冻方法对保证菜肴质感极其重要。同时，烹饪原料在刀工处理时，加工成不同的刀口也影响着菜肴的质地。用刀切出的鱼丝与剁蓉挤成的鱼丝，横切出的牛肉片与顺切出的牛肉片在质感嫩度上均大不相同。原料经过刀工处理后，达到大小、厚薄、长短、粗细一致，通过烹制后才能保证其质地一致；否则，便会有酥烂、生脆不一、老嫩不同的口感。因此，精良的刀工，并选择正确的刀法也是保证菜肴质感的条件之一。

3）选择适当的烹调方法和精湛的烹饪技术是保证菜肴质感的关键

每一种烹饪原料其质地组织均不相同，每一种烹调方法对原料的要求也不同。如质地脆嫩、爽口的原料则不宜用烧、炖、焖、烤、炸等方法，即便要采用，也需采取一些保护措施，如上浆、拍粉、挂糊等，否则就会失去其脆嫩、爽口的本性。质地老韧，含纤维组织、结缔组织多的原料则不宜采用爆、炒、烩、炸等方法，否则就会口感粗老，甚至咬嚼不动。在菜肴制作过程中，每一种烹调方法对原料的加工要求也不同，如旺火速成的爆、炒、熘、汆、涮等烹调方法，其原料加工的形态则要求小、薄、细，如丁、片、条、丝等，这样才能便于快速成熟入味，保证成菜的嫩、脆、滑、软等质感。而加热时间长，火力小的煨、烧、炖等方法，原料加工则要以大、厚或整只整形为特征，这样才能保证菜品口感软香酥烂适宜；如果刀工加工太小、细，则易过火、过烂而达不到标准。同一种烹饪原料

在采用不同的烹调方法时，其质感也完全不同。如同是一条鱼，采用滑炒的方法烹制的鱼片，口感滑嫩；采用焦熘的方法烹制的糖醋鱼，口感酥松脆嫩。同是蒜薹，采用烹炒的脆嫩，采用焖烧的软烂。同是肉片，采用滑油的滑嫩，采用煸炒的干香酥脆。因此，要想菜肴达到不同的质感，满足不同客人的需求，则需要正确地选择烹调方法。同时，精湛的烹调技术更是达到菜肴质感的保证。同是一份牛柳，技术水平不同的烹调师烹制出的结果区别甚大。在烹制菜肴的过程中，糨糊的正确调制，对油温的正确掌握，原料投放的数量和顺序，调味品的正确合理使用，火候的灵活掌握，勺工的技巧，装盘的速度以及对整个操作程序的熟练程度均对菜肴的质感造成很大的影响。

4）菜肴的温度对质感的影响也不容忽视

绝大部分菜肴需即烹即食，才能保证其质感的特点。这些菜肴在上菜的速度、食用的时间上就要做到及时快捷。而有些菜肴则需在烹制后放置适当的时间才能更突出其质感的特点，如炸、烹、烤的系列菜出锅、炉后适当放一定时间，待菜肴温度略有下降，则更能使其变得松、酥、脆，从而使其风味更佳，更易被人们接受。

4.1.3 菜品质感设计思路

1）改变原料质地成为新菜品的变化

烹饪原料是菜品的物质基础，它的增添使菜品的数量得以增加，无疑也使菜肴成倍创新出新品。但这里我们要介绍的不是将一种或多种原料加工成为另一种有本质上区别的新原料，而是同一菜品的原料只是改变加工方法只使其质感发生变化。其一，人们从贮藏方面考虑常采用脱水，盐渍、腌、冷藏等方法；其二，对原料采用焯水、白煮、过油等熟处理等方法，结果都改变了原料的质地，这无意识地在改变原料质地的同时也增添了新的菜肴。如腌制品的腊肉、香肠、风鸡，又如盐渍和烟制的盐渍菌、笋干，其他脱水类的金钩、干贝、肉松等烹制出的菜肴。现今又有意识地运用四川泡菜的泡制方法推广出一系列新菜品，此类菜肴常常以植物、水果为生原料，以及经过熟处理后的动物性原料作为熟原料来加工成菜肴，如“泡凤爪”“泡猪耳”等菜肴。如果我们思维进一步进行扩展，将原来菜品的加工方法增加或改变一下，也会变化出新的菜肴。

2）改换烹调方法的变化

在同一种原料、同一种配方的情况下，只要将烹调方法予以变换，就能使其质感得到改变，这也是菜肴变化和创新的一种重要途径。在烹饪工艺中一定条件许可下，用于烹饪技法“炒”的菜肴，就可以用“爆”的技法加工成为菜肴，干煸系列、水煮系列、火锅系列也可以用“煸”的技法加工成为菜肴，其菜肴的风味特色、质感各有区别。恰恰这些区别之处，就是各自的特性所产生出各具不同风格的菜。我们引入和借鉴外地、外国的烹饪技法，也是创新菜品的最佳路径。

3）菜肴温度相互的变化

菜肴的冷或热使人们在食用时产生不同温感，在这种不同的感受下也会产生不同的变化。许多菜肴从选料、切配、调味、烹调方法整个制作过程中都是完全一样的。但是，它

们在食用者品尝菜品时所采取冷食或热食的食用方式中，却感觉到同一菜品由于温度的冷热差异，其质感和风味就会截然不同。由于冷热温差改变菜品，形成了不同菜式的菜肴，冷的属凉菜（冷菜）一类，热的归属热菜一类，只要我们利用此处的一点微妙变化也就产生了一系列新的菜肴。如在传统凉菜中炸收类的“葱酥鲫鱼”“五香熏鱼”等，以及卤菜类的各式卤菜等，它们就可以因热食而成为热菜，因冷食而成为凉菜。又如在热菜中的干烧类的“干烧鱼”等，以及一些干煸类的“干煸肉丝”“干煸麻辣藕”等菜肴稍加修改后，就可以因冷食而成为凉菜，因热食而成为热菜。当然，还有许多诸如此类的例子，只要我们认真去研究，去分析，在实践中一定会取得更大的收获。

4）一菜多烹改变质地创新出新菜品的变化

在我们的现实生活中，一菜多烹改变质地创新出新菜品也是一种又快又佳的方法之一。过去，我们的思维模式常常把原料的范围概念固定在未成菜之前不能直接食用的成品或半成品食物，未能进一步去认识，去发展把菜品也当成原料来考虑，来应用。但是，在实际生活及工作中，将经过烹饪加工能成为菜肴的菜品再次进行烹调，让他成为新的一类菜肴实际早已存在，如“回锅粉蒸肉”“回锅咸烧白”等就是很好的例子。一个好例子就是一把开启新思维的钥匙，关键是我们能不能正确地对待它，真正地使用它，从中得到新的启发，让我们的思维得以升华。我们就会得出这样一个结论：“原料是原料，菜品也是原料。”

综上所述，要想菜肴达到理想的质感，就要充分考虑到影响其质感的各种因素，同时也必须禁止在烹制菜肴时为了一味追求菜肴质感，而使用一些食品行业中禁止使用的化学添加剂、辅助剂，或者加大一些食品添加剂的使用量，这样不仅破坏了菜肴之营养，更危害人体健康。只有充分考虑到菜点的营养、安全、卫生，结合影响菜点质感各方面的因素，扬其利避其弊，合理烹调，才能设计出一道完美的菜肴。

任务实施

1. 教师解读任务书，布置任务。
2. 学生阅读任务书及任务资料，对不清楚的部分提问。
3. 分组讨论，合作完成任务，写出计划书。
4. 教师讲解、演示。

扩展提升

1. 菜品质感设计的意义

菜品质感的设计需要掌握大量的烹饪基础知识，尤其是对烹饪原料的认知，烹饪加工方法的了解，各种烹饪方法的融会贯通，这对于学生的要求是比较高的，但要想成为一名优秀的烹饪工作者，就必须努力提升自己的各种综合素质。

2. 菜品质感设计要有创新意识

菜品质感设计的提高和发展要适应社会的发展。要适应社会的发展，就要跟上时代的步伐，就要求烹饪工作者刻苦学习，潜心研究，要有创新意识，就要把握市场动向，结合新原料创新，应用新工艺创新，中西结合创新，在传统菜肴的基础上创新，创作出更多、更美的菜品，能够被人们青睐和接受。

巩固与提高

通过以上学习，学生对学习菜品质感设计有了一定认识和了解，使学生懂得要想掌握这一技术还要认真学习原料基础知识，潜心研究各种烹饪方法，苦练基本功，规范操作，在实践中学，实践中练，通过学和练，设计出新颖的菜品。

任务 2　菜品质感设计范例

任务情境

小赵是某技术学校烹饪专业的学生，毕业后在一家特色酒店上班。有一次有重要客人光临酒店，厨师长根据客人口味制作了一道传统汤爆菊花肫赢得了赞誉，小赵认真学习，掌握了这道传统菜肴的制作方法。

任务要求

1. 明确菜品质感设计需要。
2. 根据菜品质量要求，做好菜品质感设计。

任务书

1. 学习本节内容，查找资料。
2. 根据教师示范品种，列举相关菜品设计。
3. 加强动手能力，写出实训报告。

任务资料

1. 相关知识和参考资料。
2. 实训设备：炉灶、炒锅、蒸锅、手勺、油盆、刀具、菜墩、餐具等。
3. 实训原料：不同品种，实训原料不同，详见实训食谱。

知识准备

4.2.1 汤爆菊花肫

1）概述

汤爆菊花肫是选用鸭肫经过刀工、刀法、制汤、点缀、装饰制成的一款菜品。此菜品汤汁清醇，咸鲜适口，刀工精细，形似菊花。

2）原料的选用

鸭肫要选用新鲜鸭肫，有利于剞刀和烹制。

任务实施

1. 教师解读任务书，布置任务。
2. 学生阅读任务书及任务资料，对不清楚的部分提问。
3. 分组讨论，合作完成任务，写出计划书。
4. 教师讲解范例和演示范例。

菜品盘式设计范例示范（2 课时）

汤爆菊花肫

原料：

主料：净鸭肫 250 克。

配料：冬笋、菜心。

调料：精盐 3 克，葱姜 10 克，味精 2 克，绍酒 5 克，鸡汤 1 000 克，胡椒粉 1 克，色拉油 5 克。

辅助料：食用碱粉 2 克。

工艺流程：

鸭肫洗净→剞刀→浸碱→焯水→制汤→装饰

初加工：

1. 鸭肫洗净待用。

2. 冬笋洗净，去笋衣、老根，菜心、葱姜洗净待用。

切配：

将鸭肫从中间一劈为二去除鸭胗表面硬皮，将鸭肫一端斜剞深约厚度的 4/5，刀距为 2.5 毫米，再与先前刀纹成交叉状直剞，形成菊花鸭肫生坯。将鸭肫进行浸碱处理，食碱溶液质量分数一般为 5%~10%，温度在 35~40 ℃时，浸制 10 分钟后用清水清洗去碱。冬笋切片，葱切成雀舌段，姜切成指甲片。

烹调：

在炒锅中加入 800 克清水烧开，将鸭肫倒入迅速推散，断生即捞出过凉，形成菊花状，再将改刀后的菜心、冬笋焯水，然后把鸭肫、笋片放入汤碗中间，菜心围于外圈。净锅上火，倒入色拉油 5 克，爆香姜片、葱段，倒入清鸡汤 1 000 克，拣去葱姜，加入精盐 3 克，味精 2 克，绍酒 5 克调味，将烧开的沸汤趁热冲入汤碗中，最后撒上胡椒粉 1 克。

操作关键：

1. 鸭肫剞菊花花刀前不可长时间泡水。

2. 菊花花刀使用要注意剞刀深浅一致，刀距均匀，避免鸭肫破碎。

3. 注意浸碱的浓度、温度、时间，冬季天冷可适当延长浸泡时间。

4. 鸭肫焯水要迅速，避免加热过度。

5. 调汤时，煮汤不可旺火大开，保持汤色澄清。

6. 最后要加入少量胡椒粉去腥提味。

菜品特点：

汤汁清醇，咸鲜适口，刀工精细，形似菊花。

任务评价与反馈

汤爆菊花肫实训操作评价标准（附评分表）：

1. 过程评价

序号	评价内容	评价标准	分值	得分
1	准备工作	原料、工具、餐具等准备得当	10	
2	初加工过程	加工过程合理，姿势、动作到位	20	
3	切配过程	符合切配要求，姿势、动作到位	20	
4	烹调过程	正确掌握火候，姿势、动作到位	20	
5	装盘与装饰	装盘、装饰美观	10	

续表

序号	评价内容	评价标准	分值	得分
6	个人卫生	工作衣帽整齐、干净、清洁，符合卫生标准要求	10	
7	环境卫生	整个过程及时打扫环境卫生，环境优良	10	

2. 成品评价

序号	评价内容	评价标准	分值	得分
1	初加工标准	鸭肫剖开、洗净	15	
2	切配标准	鸭肫剞刀刀纹均匀，深浅一致	15	
3	烹调标准	火候恰当，鸭肫爽脆，汤清汁醇	15	
4	口味标准	咸鲜适口	15	
5	色泽标准	汤汁清澈	15	
6	营养标准	营养搭配合理、丰富	10	
7	卫生标准	原料洗涤干净，餐具用具洗涤干净，加工、烹调过程符合卫生要求	15	

扩展提升

在以上菜品设计的基础上，还可以创作出菊花鱼、菊花茭白、开花肉丁等菜肴，菜品盘式设计要根据食材的性质、特点进行创作，因为各种食材的性质各不相同，有老、韧、脆、软、嫩。只有结合原料的特性，才能创造出好的菜品，适应消费者需求。

巩固与提高

1. 通过以上菜例学习，你能做出什么菜肴？
2. 在制作汤爆菊花肫时，如果鸭肫不经过浸碱处理，会出现什么问题？
3. 试一试，如果老师给你部分鸭肫和其他配料，你能不能做出其他菜肴？

4.2.2 雪衣苹果

雪衣苹果是将苹果经过刀工处理后，用调制好的高丽糊、挂糊油炸，再经过装饰制成的一款菜品。此菜品色泽洁白，口味清淡醇和，外皮松软内部脆嫩，造型饱满美观。

原料的选用

苹果：要选用新鲜的红富士苹果，其具有肉质松脆、汁多、含糖多、酸甜适口的特点。

高丽糊：称发蛋糊、雪衣糊、蛋泡糊，是由蛋白加工而成，既可作菜肴主料的挂糊，又可单独作为主料制作风味菜肴。特点是色泽雪白，形态饱满，质地松软。

任务实施

1. 教师解读任务书，布置任务。
2. 学生阅读任务书及任务资料，对不清楚的部分提问。
3. 分组讨论，合作完成任务，写出计划书。
4. 教师讲解范例和演示范例。

菜品盘式设计范例示范（2 课时）

雪衣苹果

原料：

主料：苹果 200 克。

配料：鸡蛋 5 只。

调料：白糖 20 克。

辅助料：精炼油 1 000 克，淀粉 30 克，米粉 10 克。

工艺流程：

苹果清洗去核→切条浸水→制作高丽糊→挂糊→油炸→装盘

初加工：

苹果清洗干净，去除果核部分，切成 8 毫米的厚片。改刀成 8 毫米 ×8 毫米 ×60 毫米的条，浸入水中防止变色失水。

将鸡蛋取蛋清，不要蛋黄，用筷子将蛋清充分打发，在发蛋中加入米粉 10 克，淀粉 30 克，搅拌均匀。

烹调：

1. 将苹果条从水中捞出，沥干水，拍上淀粉，裹上高丽糊。

2. 净锅上火，加入冷油，放入苹果条，小火加热，低温“养”炸至表面色白光洁、涨大结壳时，捞出沥油。

3. 将油炸好的苹果条装盘，撒上白糖即可。

操作关键：

1. 苹果改刀时要确保大小一致，这样在加热过程中才能确保受热均匀。

2. 苹果挂糊前要确保表面干燥，适当拍一些干粉，否则会导致糊挂不牢。

3. 高丽糊调配比例要恰当，打发充分，才能使成熟后形态饱满。

4. 在滑油时，必须严格控制120 ℃的油温，并在刚下锅时少量翻动，防止挂好的糊从原料表面脱落，影响造型。

菜品特点：

色泽洁白，口味清淡醇和，外皮松软内部脆嫩，造型饱满美观。

任务评价与反馈

雪衣苹果实训操作评价标准（附评分表）：

1. 过程评价

序号	评价内容	评价标准	分值	得分
1	准备工作	原料、工具、餐具等准备得当	10	
2	初加工过程	加工过程合理，姿势、动作到位	20	
3	切配过程	符合切配要求，姿势、动作到位	20	
4	烹调过程	正确掌握火候，姿势、动作到位	20	
5	装盘与装饰	装盘、装饰美观	10	
6	个人卫生	工作衣帽整齐、干净、清洁，符合卫生标准要求	10	
7	环境卫生	整个过程及时打扫环境卫生，环境优良	10	

2. 成品评价

序号	评价内容	评价标准	分值	得分
1	初加工标准	苹果清洗去核，制作高丽糊	15	
2	切配标准	切成8毫米的厚片，改刀成8毫米×8毫米×60毫米的条，浸入水中防止变色失水	15	
3	烹调标准	火候恰当，炸至表面色白光洁、涨大结壳时，捞出沥油	15	
4	口味标准	清淡醇和	15	

扩展提升

在以上菜品设计的基础上，还可以创作出高丽香蕉、夹沙苹果等菜肴。菜品盘式设计要根据食材的性质、特点进行创作。只有结合原料的特性，才能创造出好的菜品，才能适应消费者需求。

巩固与提高

1. 通过以上菜例学习，你能做出什么菜肴？

2. 在制作雪衣苹果时，如果苹果条不拍上淀粉，直接挂上高丽糊，油炸时会出现什么问题？

3. 试一试，如果老师给你两根香蕉和其他配料，你能不能做出其他菜肴？

项 目 5
菜品味型与调味设计

项目导学

味，可称之为“菜之灵魂”。因为一份无味的菜不为菜，只能称为烹饪原料或半成品。菜品的味是任何菜品不可缺少的基本因素。俗话说，五味调和百味香，十味调和千味鲜。菜肴的基本味型很多，关键在于合理搭配。

学习目标

✧ 学习完本项目内容后，同学们能掌握菜肴味型与调味的定义，了解烹饪原料味型与调味品之间的不同，烹饪方法对菜肴味型与调味的影响，从而为设计各类菜肴打下坚实的基础。

认知目标

✧ 通过学习，学生能掌握常见的味型与调味品。

技能目标

✧ 能够分辨出各种类菜品味型及调味品的不同。
✧ 正确掌握菜品味型与调味设计的方法。
✧ 根据味型与调味的不同，能设计灵活多样的菜肴。

情感目标

✧ 实训学生要有一定的职业素养和职业道德，要学习专业理念、技能和专业修养，安全生产，保证食品卫生和个人清洁。
✧ 同学之间要能相互协作、沟通，共同完成学习任务。
✧ 寓教于乐，增加感性认识，增进学习兴趣，开拓进取和创新意识。

任务1　菜品味型与调味设计思路

任务情境

小张是一名刚毕业的烹饪专业学生，他实习的单位是一家特色酒店。师傅告诉他，判断一道菜好坏的标准包含很多方面，色、香、味、质、形、器等，但最重要的还是味，因为菜品最终是供人食用的，只有吃起来好吃才能算是一道好菜，所以做好调味，是一名厨师不可缺少的基本素质。

任务要求

通过学习我们将：

1. 明确味型和调味的定义。
2. 了解调味的基本作用。
3. 学会遵循调味的原则进行调味。
4. 能灵活地对不同菜品的调味进行设计。

任务书

厨房收到一张宴会预订菜单，上面注明参加宴会的有儿童，厨师长给小张下了任务单，让他根据客人的要求，结合所学知识，设计出至少3道适合儿童口味的菜肴。如果你是小张，该怎么设计呢？

1. 预读本任务相关内容，查找资料。
2. 学生分组，利用所学的知识和掌握的烹饪方法，用豆腐做出两种口味不同的菜肴。
3. 根据所选原料确定自己要做的品种。
4. 写出计划书。

任务资料

1. 相关知识和参考资料。
2. 多媒体教室、设备的准备。

知识准备

菜肴中，其味可以分为两大类，即菜肴主辅料自身的味，称为“本味”；用调味品调和出来的味，称为“复合味”，也称复合味汁、调味味汁。复合味汁用于菜肴中我们常称为某某味型，如鱼香味型、麻辣味型、咸鲜味型等。复合味汁的调制需要调味品。我们先针对复合味汁的变化现象而言，在菜品中菜肴的味，可称“一菜一味，百菜百味”。它一点微妙的变化，哪怕是在同一种味型中，改变调味品在中间的比例，就会产生出不同的结果，变化出许多不同的复合味。

5.1.1 调味的作用

1）确定滋味

调味最重要的作用是确定菜肴的滋味。能否给菜肴准确恰当的定味，从而体现出菜系的独特风味，显示了一位烹调师的调味技术水平。对于同一种原料，可以使用不同的调味品烹制成多样化口味的菜品。如同是鱼片，佐以糖醋汁，出来是糖醋鱼片；佐以咸鲜味的特制奶汤，出来是白汁鱼片；佐以酸辣味调料，出来是酸辣鱼片。对于大致相同的调味品，由于用料多少不同，或烹调中下调料的方式、时机、火候、油温等不同，可以调出不同的风味。如都使用盐、酱油、糖、醋、味精、料酒、水豆粉、葱、姜、蒜、泡辣椒做调味料，既可以调成酸甜适口微咸，但口感先酸后甜的荔枝味，也可以调成酸甜咸辣四味兼备，而葱姜蒜香突出的鱼香味。

2）去除异味

所谓异味，是指某些原料本身具有使人感到厌烦，影响食欲的特殊味道。原料中的牛、羊肉有较重的膻味，鱼、虾、蟹等水产品和禽畜内脏有较重的腥味，有些干货原料有较重的腥臊味，有些蔬菜瓜果有苦涩味。这些异味虽然在烹调前的加工中已解决了一部分，但往往不能根除干净，还要靠调味中加相应的调料，如酒、醋、葱、姜、香料等，来有效地抵消和矫正这些异味。

3）减轻烈味

有些原料，如辣椒、韭菜、芹菜等具有自己特有的强烈气味，适时适量加入调味品可以冲淡或中和其强烈气味，使之更加适口和协调。如辣椒中加入盐、醋就可以减轻辣味。

4）增加鲜味

有些原料，如熊掌、海参、燕窝等本身淡而无味，需要用特制清汤、特制奶汤或鲜汤来“煨”制，才能入味增鲜；有的原料如凉粉、豆腐、粉条之类，则完全靠调料调味，才能成为美味佳肴。

5）调和滋味

一味菜品中的各种辅料，有的滋味较浓，有的滋味较淡，通过调味实现互相配合，相辅相成。如土豆烧牛肉，牛肉浓烈的滋味被味淡的土豆吸收，土豆与牛肉的味道都得到充分发挥，成菜更加可口。菜中这种调和滋味的实例很多，如魔芋烧鸭、大蒜肥肠、白果烧鸡等。

6）美化色彩

有些调料在调味的同时，赋以菜肴特有的色泽。如用酱油、糖色调味，使菜肴增添金红色泽，用芥末、咖喱汁调味可使菜肴色泽鲜黄，用番茄酱调味能使菜肴呈现玫瑰色，用冰糖调味使菜肴变得晶莹透亮。

5.1.2 调味的原则

准确、恰当地运用各种调味方法，是烹调技术的基本要求。由于各种烹饪原料的质地、形态、本味和各地方的口味也不同，同一类菜肴在烹调时具体操作方法也有差异，因此，在掌握菜肴的调味方法、味型的应用、调味品的数量以及投放的时机上，都要遵循以下基本原则：

1）确定口味，准确调味

先要根据菜肴的特点原料性质、质地老嫩和各地方的消费习惯，确定一份菜肴的味型。再根据这一味型，考虑应该使用哪几种调味品，以及它们的用量，做到准确调味。

2）正确使用调味品

每一种调味品，都有其本身的特点和作用。如酱油中就有红酱油和白酱油之分，白酱油咸鲜，用于提味；红酱油甜咸，用于提色。它们各有不同的作用。又如醋和糖醋，一个是醇酸，基本用于加热过程中的调味；一个是甜酸，基本用于凉拌菜肴的调味。因此，要正确使用调味品，就要掌握调味品的性能和作用。

3）根据原料控制调味品的用量

对不同性质原料所采用调味品的种类和用量都要慎重。例如，鸡、鸭类及新鲜的蔬菜，在烹调时，应保持其本身的鲜味，太甜、太咸、太酸、太辣都不相宜。否则，调料将鲜味掩盖，反而不美；对有腥、膻、臊等异味的原料，如牛、羊肉，鱼类等，就要酌情多加一些能除异味的调味品；对本身无多大鲜味的原料，如鱼翅、海参、燕窝等，烹制时，必须加入滋味鲜美的鸡、火腿、口蘑、鲜汤才能使成菜鲜美。

4）适合各地的口味

由于各地区的气候、物产和饮食习惯的不同，故各有其独特的口味要求。如山西、陕西多喜吃酸；湖南、四川、云南、贵州等地多喜食香辣；江、浙等地则多喜甜与清鲜；而河北、山东、东北各地又多喜食咸与辛辣。这也是构成地方特色菜肴的主要原因。因此，调味时，就要在不失川菜的独特风味的基础上，适当照顾不同的口味要求。

5）适应食者的要求进行调味

人们的口味，常常随着季节的变化而有所不同：夏天一般喜食口味较清淡的菜肴；冬天则喜食口味较浓香、肥美的菜肴；一天早、午、晚三餐对味的需要也有差别；小孩、年轻人、老年人或病人，脑力劳动者或体力劳动者，对口味的要求也不相同。又如，饮酒菜肴味宜轻，佐餐菜肴味宜重等，都要根据食者的具体情况，采用不同的调味。

5.1.3 菜品味型与调味设计思路

要使一盘菜肴的色、香、味、形都达到美的境地，除了依靠原料的精良、火候的调节适宜之外，还必须要有正确、恰当的调味，才能使菜肴达到优美、尽善的艺术境地。调味品及其配制菜品创新、烹调的前提，首先要具有食物原料和调味品，否则，这项活动就无法进行。高明的烹调师就是食物的调味师。所以，烹调师必须掌握各种调味品的有关知识，并善于适度把握，五味调和。只有这样，才能设计出美味可口的佳肴。具体设计思路主要有以下几点：

1）改变单一调味品的比例，使复合调味品的味道改变

如在“糖醋味型”中，减少其甜味的调味品或酸味的调味品在其中的比例，增大咸味的比例，就会变成荔枝味。在“咸甜味型”中，减少咸味调味品的比例，增大甜味调味品的比例，就会变成甜咸味。根据同一味型中改变其调料的比例变化的这一方法，就可以创造出一些新的味型。在菜肴中，增减调味品是味型变化的又一种方法。通过此种变化也可以创新出更多、更好的菜肴。

2）取众家之长来丰富创新自己的菜品

现今，外菜和西式菜的进入带来了许多新的烹饪原料、新的工艺，增添了调味品，极大地丰富了菜肴品种。我们在菜肴制作创新中：

①可以利用西式菜和外菜的复合味来稍加改变，再注入自身菜品的特色之中，必将创新出新的复合味，从而创新出新的菜肴。如利用西餐的香料来替换现菜肴的香料，或在西餐味汁和特殊味汁（少司）中增添菜肴的香辣味和香麻味，使其成为新的菜式复合味。

②相应的西餐也可以利用中餐的复合味来稍加改变，必将创新出新的西式复合味（少司），从而创新出新的菜肴。

③西餐的菜肴也可以采用中餐的川式复合味汁，创新出西式菜肴，如“鱼香牛排”等，中味西调。味觉的几大现象告诉我们，许多“味”在组合中有增加、抑制、相乘的作用。因此，我们创新中应注意克服调味汁的味感与主辅原料的味感在结合中产生矛盾，达到增美味，添鲜味，去异味，保芳香，才能使菜肴的味更加丰富多彩。

3）运用新式调味品开发新味道

我们知道，菜肴的味型一般都不是一种调味品烹制的，而是通过多种工序、多种味料、多种调味方法制作而成的。调味方法的灵活变化，使得菜肴在品尝时，才能产生味中有味，越品越有味的效果。从调味品的制作和味型调制中不难发现，中国菜味美可口，关键是巧妙运用各种调味品，通过精心而合理的配味、组味而成。所以，合理地运用调味品，可以开发出新的味道和创新菜出来。

①通过调料品复合调味，首先我们可以通过复合味来形成新的风味，如基本味有5种，而每一种基本味都包含许多的调味品。于是我们排列组合，将酸、甜、咸、辣、麻、鲜等各个单一风味调料混合进行重组形成复合的创新味道。

②独立调制新味道。单独创新设计研究新式的调味料，如XO酱、红烧酱等，这些调料为调味组合、变化、创新提供了很多条件，也为之形成了独特的风味。

扩展提升

1. 菜品味型及调味设计意义

菜品味型及调味的设计需要掌握大量的烹饪基础知识，尤其是对各种香辛料、调味料的了解，这对于学生的要求是比较高的，但要想成为一名优秀的烹饪工作者，就必须努力

提升自己的各种综合素质。

2. 菜品味型及调味设计要有创新意识

菜品味型及调味设计的提高和发展要适应社会的发展。要适应社会的发展，就要跟上时代的步伐，就要求烹饪工作者刻苦学习，潜心研究。要有创新意识，就要把握市场动向，结合新式调味品创新；应用新工艺创新；中西结合创新；在传统菜肴基础上创新，创作出更多、更美的菜品，能够被人们青睐和接受。

巩固与提高

通过以上学习，学生们对学习菜品质感设计有了一定认识和了解，使学生们懂得想要掌握这一技术还要认真学习原料基础知识，潜心研究各种烹饪方法，苦练基本功，规范操作，实践中学，实践中练，通过学和练，设计出新颖的菜品。

任务2　菜品味型与调味设计范例

任务情境

冬冬所在的酒店新进了一批新鲜的海鲜，但其中的一些鱼类原料腥气较重，厨师长要求冬冬设计出一些适合制作海鲜的调味汁，尤其要注意去腥。冬冬运用所学的专业知识，结合工作经验，设计了几款适合做海鲜的新颖调味品，去腥效果都不错，厨师长对此给予充分肯定，冬冬也得到了好评，后来这些调味品受到消费者欢迎。

任务要求

1. 明确菜品调味设计需要。
2. 根据需要设计新颖菜品。
3. 根据菜品质量要求，做好菜品味型及调味设计。

任务书

1. 预读本章相关内容，查找资料。
2. 根据教师示范品种，列举相关菜品设计。
3. 加强动手能力，写出实训报告。

任务资料

1. 相关知识和参考资料。
2. 实训设备：炉灶、炒锅、蒸锅、手勺、油盆、刀具、菜墩、餐具等。

3. 实训原料：不同品种，实训原料不同，详见实训食谱。

知识准备

5.2.1 剁椒鱼头

1）概述

剁椒鱼头属湘菜系，是湘潭的一道名菜，以鱼头的“味鲜”和剁辣椒的“辣”为一体，风味独具一格。火辣辣的红剁椒，覆盖着白嫩嫩的鱼头肉，冒着热腾腾清香四溢的香气。

2）原料的选用

（1）鳙鱼

要选用新鲜的鳙鱼头，因新鲜的鳙鱼头富含胶质，肉质肥美、细腻，蒸制后口感细嫩、滋味鲜美。

（2）剁椒

一种可以直接食用的辣椒制品，味辣而鲜咸，口感偏重，剁辣椒是湖南的特色食品，可出坛即食，也可当作佐料做菜。

任务实施

1. 教师解读任务书，布置任务。
2. 学生阅读任务书及任务资料，对不清楚的部分提问。
3. 分组讨论，合作完成任务，写出计划书。
4. 教师讲解范例和演示范例。

菜品盘式设计范例示范（2 课时）

剁椒鱼头

原料：

主料：鳙鱼头 1 000 克。

配料：剁椒 200 克。

调料：香葱 50 克，姜片 50 克，高度白酒 10 克，鸡粉 10 克，白胡椒 3 克，蚝油 10 克。

辅助料：蒸鱼豉油 80 克，紫苏 3~5 片。

工艺流程：

鳙鱼宰杀清洗→改刀→腌制→装盘→蒸制→响油→成品

初加工：

1. 将鳙鱼宰杀、洗净，取鳙鱼头从鱼唇正中一劈为二，改花刀备用。

2. 葱、姜去皮洗净，紫苏清洗干净待用。

切配：

在改刀好的鱼头上抹上蚝油 10 克，蒸鱼豉油 30 克，白酒 10 克，撒上鸡粉 10 克，白胡椒粉 3 克，紫苏腌制 10 分钟。

烹调：

1. 在蒸盘中放好葱姜，筷子呈“M”形摆放搭好。将腌制好的鱼头用筷子架起，鱼头面撒上拌好的剁椒，淋上一勺蒸鱼豉油，再放上香葱、姜片、紫苏，放蒸锅大火蒸 15 分钟。

2. 然后取出蒸好的鱼头，拿掉香葱、姜片、紫苏，只留下剁椒，最后撒上葱花，淋上热油即可。

操作关键：

1. 鱼头中的黑衣一定要洗净，否则有腥味。从鱼下巴处顺长劈开（鱼头顶处要连着，不要全部劈开，这样能保持形状）。

2. 腌制时盐不宜过多。

3. 蒸制是可以看鱼眼来判断是否成熟。鱼眼突出并发白，说明鱼熟了。

4. 在拿出筷子的时候要小心移动，以防破坏鱼头的形状。

5. 蒸鱼豉油可以从盘子边缘浇入，这样能保证鱼肉的洁白。

菜品特点：

气味芳香扑鼻，颜色红亮，味道香辣，口感鲜、嫩、滑。

任务评价与反馈

剁椒鱼头实训操作评价标准（附评分表）：

1. 过程评价

序号	评价内容	评价标准	分值	得分
1	准备工作	原料、工具、餐具等准备得当	10	
2	初加工过程	加工过程合理，姿势、动作到位	20	
3	切配过程	符合切配要求，姿势、动作到位	20	
4	烹调过程	正确掌握火候，姿势、动作到位	20	
5	装盘与装饰	装盘、装饰美观	10	
6	个人卫生	工作衣帽整齐、干净、清洁，符合卫生标准要求	10	
7	环境卫生	整个过程及时打扫环境卫生，环境优良	10	

2. 成品评价

序号	评价内容	评价标准	分值	得分
1	初加工标准	鳙鱼宰杀、洗净	15	
2	切配标准	鳙鱼头改刀，一劈为二，不斩断	15	
3	烹调标准	火候恰当，熟而不烂	15	
4	口味标准	口味香辣，咸淡适中	15	
5	色泽标准	色泽红亮	15	
6	营养标准	营养搭配合理、丰富	10	
7	卫生标准	原料洗涤干净，餐具用具洗涤干净，加工、烹调过程符合卫生要求	15	

扩展提升

在以上菜品设计的基础上，还可以创作出清炖鲢鱼头等菜肴。菜品盘式设计要根据食材的性质、特点进行创作，因为各种食材的性质各不相同，有老、韧、脆、软、嫩。只有结合原料的特性，才能创造出好的菜品，适应消费者需求。

巩固与提高

1. 通过以上的菜例学习，你能做出什么菜肴？
2. 在选用制作剁椒鱼头原料时，如果鳙鱼头不新鲜，鱼肉会出现什么问题？
3. 试一试，如果老师给你一个鳙鱼头和其他配料，你能不能做出其他菜肴来？

5.2.2 泰式咖喱蟹

1）概述

泰式咖喱蟹是选用膏蟹，经过刀工、拍粉、油炸、调酱、烧制、装盘、点缀制成的一款菜品。此菜品色泽金黄，蟹黄肥美，蟹肉鲜嫩，咖喱味浓郁、鲜香。

2）原料的选用

（1）膏蟹

膏蟹又称锯缘青蟹，膏满肉肥，素与鲍鱼、海参相媲美，享有“水产山珍”之誉。其特点是：脂膏金黄油亮，犹如咸鸭蛋黄，脂膏几乎整个覆于后盖，膏质坚挺。

（2）椰浆

椰浆是从成熟的椰子的椰肉中榨出来的奶白色液体，又称椰奶，而区别于椰子中原有的半透明香甜味的椰子水。椰浆其颜色与浓郁的味道缘于它的高油量与高糖分，椰浆是东南亚与南亚国家重要的食品调味料。

（3）九层塔

九层塔又称罗勒、金不换，主要以叶片、嫩茎（头）为主要食用部位，当幼苗 6 ~ 7 厘米时就可以开始采收，供凉拌菜或香辛调料，或油炸，或做汤食，或炒蛋等，食后有消暑解毒及健胃之功效。

任务实施

1. 教师解读任务书，布置任务。
2. 学生阅读任务书及任务资料，对不清楚的部分提问。
3. 分组讨论，合作完成任务，写出计划书。
4. 教师讲解范例和演示范例。

菜品盘式设计范例示范（2 课时）

泰式咖喱蟹

原料：

主料：膏蟹 800 克（两只）。

配料：莴笋 300 克，九层塔 5 克。

调料：三花淡奶 150 克，椰浆 150 克，鱼露 8 克，白糖 10 克，咖喱粉 6 克，精盐 1 克，黄油 20 克，色拉油 1 500 克（实耗 100 克）。

辅助料：生粉 50 克，上汤 500 克。

工艺流程：

膏蟹清洗→斩件→拍粉→油炸→调汁→烧制→勾芡→点缀、装饰→成品

初加工：

1. 膏蟹清洗，用刷子将蟹壳表面刷洗干净。

2. 莴笋去叶、去皮、去根，待用。

切配：

将膏蟹蟹盖掀开，扒去蟹腮、蟹胃、蟹心。取下蟹钳稍稍拍碎，蟹体斩 6 件，拍上生粉，备用。

莴笋雕刻成蟹篓状，备用。

烹调：

1. 炒锅置火上，加入色拉油，待油温 5 成热时，放入拍过粉的蟹块、蟹钳、蟹壳，用中火炸至蟹块色泽金黄，倒出沥油。

2. 另取一净锅，放入黄油 20 克，用小火化开，再倒入上汤 500 克，煮开后放入三花淡奶 150 克，椰浆 150 克，鱼露 8 克，九层塔 2 克，白糖 10 克，咖喱粉 6 克，精盐 1 克，调成泰式咖喱汁。

3. 将炸好的蟹块、蟹钳、蟹壳放入咖喱汁中，用中小火加热 6 分钟后，用水淀粉勾芡。

4. 将蟹钳、蟹块取出，垫于盛器底部，蟹壳盖于表面，再浇上咖喱汁。

5. 将莴笋蟹篓飞水后，围于四周，中间点缀上新鲜的九层塔即可。

操作关键：

1. 膏蟹宰杀时要注意去尽蟹腮、蟹胃、蟹心，符合食品安全卫生要求。

2. 膏蟹刀工处理时，应采用铡刀法进行加工。

3. 三花淡奶、椰浆在加热过程中极易焦煳，因此，在加热时，必须选用中小火加热，并不时用手勺在锅底搅动，防止煳底。

4. 注意勾芡浓度适当，应接近于玻璃芡的稠度。

5. 莴笋蟹篓飞水时间不宜过久，断生即可捞出过凉水，避免变色。

菜品特点：

成菜色泽金黄，蟹黄肥美，蟹肉鲜嫩，咖喱味浓郁、鲜香。

任务评价与反馈

泰式咖喱蟹实训操作评价标准（附评分表）：

1. 过程评价

序号	评价内容	评价标准	分值	得分
1	准备工作	原料、工具、餐具等准备得当	10	
2	初加工过程	加工过程合理，姿势、动作到位	20	
3	切配过程	符合切配要求，姿势、动作到位	20	
4	烹调过程	正确掌握火候，姿势、动作到位	20	
5	装盘与装饰	装盘、装饰美观	10	
6	个人卫生	工作衣帽整齐、干净、清洁，符合卫生标准要求	10	
7	环境卫生	整个过程及时打扫环境卫生，环境优良	10	

2. 成品评价

序号	评价内容	评价标准	分值	得分
1	初加工标准	膏蟹洗净、宰杀	15	
2	切配标准	膏蟹斩件，大小一致，莴笋蟹篓规格一致、雕工精美	15	
3	烹调标准	火候恰当，蟹肉鲜嫩，汁芡适中	15	
4	口味标准	咖喱味浓郁、鲜香	15	
5	色泽标准	色泽金黄、明亮	15	
6	营养标准	营养搭配合理、丰富	10	
7	卫生标准	原料洗涤干净，餐具用具洗涤干净，加工、烹调过程符合卫生要求	15	

扩展提升

在以上菜品设计的基础上，还可以创作出泰式咖喱虾等菜肴。菜品盘式设计要根据食材的性质、特点进行创作，因为各种食材的性质各不相同，会有老、韧、脆、软、嫩之分。只有结合原料的特性，才能创造出好的菜品，才能适应消费者需求。

巩固与提高

1. 通过以上两个菜例学习，你能做出什么菜肴?

2. 在选用制作泰式咖喱蟹原料时，如果由于产季原因，膏蟹暂时缺货，还能选择哪些品种的螃蟹进行制作?

3. 试一试，如果老师给你两只膏蟹和其他配料，你能不能做出其他菜品来?

项 目 6
菜品盘式设计

项目导学

对许多爱好中餐菜品盘式设计的同学来说，能亲手设计出形态美观，色彩鲜艳、味美可口、赏心悦目的菜品是我们烹饪专业生涯中最幸福的一项工作。前面，我们已经学习了味型设计和调味设计，下面我们将结合味型设计和调味设计进行菜品盘式设计。

学习目标

✧学习完本项目内容后，同学们能掌握菜肴盘式设计的方法及技巧，以及菜品成型后如何进行装饰、点缀等工艺方法。

✧了解菜品盘式设计对菜肴能起到“好马配好鞍”“红花要有绿叶衬”和“画龙点睛”的作用。

认知目标

✧通过学习，学生能掌握菜品盘式设计在菜肴制作、装盘、修饰等方面的手法。

✧理解并能分析盘式设计对菜肴美化的实际意义。

✧了解其在烹饪运用中的重要性。

技能目标

✧掌握各种类型菜品的盘式设计和装盘技巧。

✧正确的菜品盘式设计的操作方法。

✧能设计灵活多样的菜肴。

情感目标

✧实训学生要有一定的职业素养和职业道德，要有学习专业理念、技能和专业修养，安全生产，保证食品卫生和个人清洁。

✧同学之间要能相互协作、沟通，共同完成学习任务。

✧寓教于乐，增加感性认识，增进学习兴趣，开拓进取和创新意识。

任务1　菜品盘式设计思路

任务情境

烹饪专业学生小王进入一家五星级酒店餐厅实习，小王的工作任务是协助李师傅给菜肴进行盘式设计。跟着李师傅做了一段时间后，小王发现几乎每个菜品的盘式设计，都是由各式果蔬、鲜花、巧克力等拼摆而成，菜肴品种琳琅满目。客人享用美味时流露出言语和欢喜以及对厨师的赞许，小王认识到学习烹饪不仅要有扎实的基本功，而且要有一定的艺术创作。

同学们，让我们跟着小王一起来学习菜品盘式设计制作吧，设计出精美的图案做给家人、朋友，一起分享烹饪带来的美味和快乐。

任务要求

通过学习我们将：

1. 明确菜品盘式设计的定义。
2. 能按菜肴形态对菜品盘式进行设计。
3. 能按操作工艺对菜品盘式进行设计。
4. 能利用各种食材对菜品盘式进行设计。
5. 能制作各种优美的菜品盘式进行设计。

任务书

厨师长给小王下了任务单，让他根据客人对菜品要求分餐进行菜品盘式设计。如果你是小王，该怎么设计呢?

1. 预读本章相关内容，查找资料。
2. 学生分组，利用所学的知识和掌握的设计方法，选出一种喜欢的菜品盘式进行设计。
3. 根据所选原料确定自己要做的品种。
4. 写出计划书。

任务资料

1. 相关知识和参考资料。
2. 多媒体。

知识准备

菜品盘式设计的发展历史悠久，是中国烹饪文化的重要组成部分。菜品盘式设计广泛应用于烹饪行业。盘式设计在菜肴制作和筵席菜制作中有独特地位和作用，对菜肴质量有着重要影响。

6.1.1 菜品盘式设计的地位

1）菜品盘式设计是烹饪工艺中重要的组成部分

随着社会发展和人民生活水平的提高，菜品盘式设计在餐饮行业中得到广泛应用，在菜品制作中的地位日益突显，而且形成了一套特有的装饰技术和工艺，展示了菜品制作工艺精致，突出了菜品特色，美化了菜品装盘工艺。菜品盘式设计将食品雕刻、热菜、糖艺、面塑等技艺融为一体，其独特的技艺、装饰和点缀，越来越受到业内人士的关注，已成为中国烹饪制作工艺的重要组成部分。

2）菜品盘式设计是中国烹饪菜点、筵席制作重要组成部分

中国烹饪历史悠久，烹饪流派众多，菜品盘式设计随着各地的烹饪发展也自成体系，各流派烹饪制作风格异曲同工，具有鲜明的地方特点。菜品盘式设计与食品雕刻、热菜、面塑等制作技术的结合，给菜品烹制成功和美化起到了一定作用，而成为菜点、筵席制作的一项重要技术。菜点的装盘设计、点缀、美化和科学的原料配伍，以及巧妙的烹制，能对菜点和筵席菜起到画龙点睛的作用，达到锦上添花的效果，能突出菜点质量和筵席菜特色，烘托、活跃筵席气氛。菜品盘式设计是一项技术性强，实用性广的烹饪制作方法，是中国烹饪菜点、筵席制作的重要组成部分。

3）菜品盘式设计是中国烹饪发展的必然

社会的经济发展，生产力的提高，物质的丰富，人民生活的改善，人们对饮食消费水平的要求也越来越高。对于烹饪操作的菜品制作过程也越来越精细。对菜肴烹制方法要求更加规范，既在生理上饱口福，也在精神上得到美味菜肴享受。“民以食为天”已成为食得高兴、食得健康的饮食风尚。精美的菜品制作设计、装饰、点缀，正是菜品盘式设计的需求。盘式设计的发展提升了菜肴、面点造型艺术，使人们从膳食中得到了享用，美化了菜点，营造了气氛，增进了食欲。所以，菜品盘式设计是中国烹饪发展必然，是烹饪工作者必须掌握的一项技艺。

6.1.2 菜品盘式设计的作用

1）展示菜肴质感美，筵席菜整体美

饮食是文化，是艺术，是我国民族文化的一部分。饮食讲究色、香、味、形、器。因此，在菜品盘式设计制作中，应有一定的审美观和艺术性，烹饪工作者在进行思考、选料、设计和操作的同时，要“食用性”和艺术性相结合。菜品设计中应进行推敲和演练，使菜点、筵席菜肴的盘式设计科学、合理，具有丰富的艺术内涵，充分显示出菜肴制作精美，以及整套筵席菜肴的协调美。使人吃到可口美味时，又能彰显出中国烹饪色、香、味、形、器俱佳的特色。用普通的烹饪食材通过技术加工，制作出精致的菜点和筵席菜，使消费者食在嘴里，美在心里，吃得科学，食得营养，心旷神怡。使人们在饮食中得到菜肴质感美、筵席菜肴整体协调美的享受。

2）改变食物形态体现工艺美

中国烹饪讲究选料，原料是烹调菜肴的根本。由于烹饪原料品种多，且形态各异，有些原料的形状需要改善用来制作菜肴，就要对原料进行加工，达到菜肴应有的形态，以保障菜肴制作特色和整体质量。菜品盘式设计就是要利用刀工、烹调和各种手法来改善原料形态，使菜点形态美观，造型独特。中国许多名菜、名点如松鼠鳜鱼、九转大肠、提琴酥、狮子头、荔枝肉、金鱼饺、菊花青鱼、苏式船点等都体现出了菜品盘式设计在烹饪制作中色泽美、菜品美、工艺美。菜品盘式设计形态的美化，能提高菜品的档次和品位，体现了烹饪技艺高超，使人能赏心悦目地享受菜肴制作工艺美。

3）繁荣市场，促进烹饪发展

我国疆域辽阔，人口众多，餐饮消费有着巨大潜力。随着时代的变化，人们的消费观发生了重大改变，菜品盘式设计随着市场的发展而发生变化，在继承传统文化的同时也对菜品盘式设计进行了改变，使其适合市场消费，贴近市场。菜品盘式设计是烹饪饮食文化的一部分，内涵丰富，其发展离不开市场，所创作的菜品设计，要能适应和融入市场，得到认可，并深受消费者喜爱，这样才能够持续发展，促进人们在饮食业的消费。各式特色餐饮店琳琅满目，餐饮市场发展有序，使餐饮市场不断繁荣壮大，提高和推动了烹饪事业全面发展，同时也弘扬了祖国饮食文化。

6.1.3　菜品盘式设计思路

1）把握市场动向，适应市场需求

随着社会物质文化生活水平的提高，人们消费理念与以前不同，对菜品质量要求也发生变化。讲卫生，重营养，科学膳食成为一种时尚。特别是近年来，餐饮市场星罗棋布，餐饮市场发展竞争日益激烈，重技艺，出名菜，创特色是许多餐饮行业立足市场，占领市场的一面大旗。因此，要求烹饪工作者，要刻苦钻研，不断学习、探讨菜品盘式设计，结合新菜品，新工艺，积累菜品设计经验，掌握设计方法和技术，使菜品盘式设计在保持本店特色同时，创新发展，创作出新的菜品盘式设计，满足消费者餐饮追求新、奇、特、卫生的消费欲望，适应市场发展需求。

2）菜品盘式设计要与企业经营相适应

菜品盘式设计要适应企业文化和消费需求。在星级酒店（宾馆）从事烹饪工作，菜品盘式设计要与酒店的档次相匹配，要有企业的文化底蕴，菜品设计要有较高的档次和品位，菜品制作要精致，因为在星级酒店（宾馆）消费者都有一定的经济实力。在一般的酒店从事烹饪工作，菜品盘式设计要有地方文化特色，要考虑当地风俗习惯，注意顾客消费后意见，并及时改善和调整，根据顾客的反馈建议结合本地饮食特点和食材创作菜品，所创作的菜品盘式设计就能适应消费者需求和饮食习惯，既保证了企业经营利润，又保证了产品质量和美食品牌，使菜品盘式设计和企业经营相辅相成，协调发展。

3）菜品盘式设计要有创新意识

菜品盘式设计要在继承传统烹饪技艺的基础上进行创新。随着科学技术的发展，生物技术的提高，以及交通运输业的发达和国际间交流，各种新原料、新调料、新技术、新工艺不断涌现，为我们对菜品盘式设计创新提供了保障和要求，也为我们对菜品盘式设计创新打开了空间。不要墨守成规，要注意餐饮创新，认真设计和研发新菜品，大胆使用新工艺、新原料，合理选料，创造出一些烹制方法特殊，口味新颖，做法别致的菜品盘式设计，使顾客能够接受和满足其消费心理。

任务实施

1. 教师解读任务书，布置任务。
2. 学生阅读任务书及任务资料，对不清楚的部分提问。
3. 分组讨论，合作完成任务，写出计划书。
4. 教师讲解、演示。

扩展提升

1. 菜品盘式设计的意义

菜品盘式设计的发展蕴含着丰富的文化底蕴，是中国烹饪事业发展的需要，体现着中国烹饪工作者的创造精神，是展示菜点美、筵席美特色的重要方法，是发挥烹饪技艺的特殊手段。菜品盘式设计的提高，必将推动烹饪事业的发展。

2. 菜品盘式设计要有创新意识

菜品盘式设计的提高和发展要适应社会的发展。要适应社会的发展，就要跟上时代的步伐，就要求烹饪工作者刻苦学习，潜心研究，要有创新意识，就要把握市场动向，结合新原料创新，应用新工艺创新，中西结合创新，在传统菜肴的基础上创新，创作出更多、更美的菜品，能够被人们青睐和接受。

巩固与提高

通过以上学习，学生们对学习菜品盘式设计制作有了一定认识和了解，使学生们懂得要想掌握这一技术还要认真学习，潜心研究，苦练基本功，规范操作，在实践中学，实践中练，通过学和练，设计出新颖的菜品盘式设计。

任务 2　菜品盘式设计范例

任务情境

李明是烹饪专业的学生，毕业后在一家星级宾馆实习。一次创新大赛上，厨师长安排他设计一款新颖的菜品盘式，李明为了展现一下自己的才艺，从网上和以往的工作经验中汲取了相关知识，设计出了一款新颖菜品，厨师长看了之后对李明给予了充分的肯定，李明因此得到了嘉奖，后来这款菜品受到消费者欢迎。

任务要求

1. 明确菜品盘式设计需要。
2. 根据需要，设计新颖菜品。
3. 根据菜品质量要求，做好菜品盘式设计。

任务书

1. 预读本任务相关内容，查找资料。
2. 根据教师示范品种，列举相关菜品设计。
3. 加强动手能力，写出实训报告。

任务资料

1. 相关知识和参考资料。
2. 实训设备：炉灶、炒锅、蒸锅、手勺、油盆、刀具、菜墩、餐具等。
3. 实训原料：不同品种，实训原料不同，详见实训食谱。

知识准备

6.2.1 绣球里脊

1）概述

绣球是选用猪里脊肉经过刀工、刀法、拍粉、油炸，加入调味汁装盘、点缀、装饰制成的一款菜品。此菜品色泽橙黄，刀工均匀，形似开放的绣球花，外酥内嫩。

2）原料的选用

（1）猪里脊肉

猪里脊肉含有人体生长发育所需的优质蛋白、脂肪、维生素等，肉质较嫩，易消化，因为其全是瘦肉层中间不含脂肪有利于刀工处理成丁、条、丝、片等料型。

（2）吉士粉

吉士粉是一种香料粉，呈粉末状，具有浓郁的奶香味，色泽呈浅黄色，优质的吉士粉粉末精细均匀，吉士粉有增香、增色、增松脆的作用。

任务实施

1. 教师解读任务书，布置任务。
2. 学生阅读任务书及任务资料，对不清楚的部分提问。
3. 分组讨论，合作完成任务，写出计划书。
4. 教师讲解范例和演示范例。

菜品盘式设计范例示范（2 课时）

绣球里脊

原料：

主料：猪里脊肉 250 克。

配料：鲜橙汁、青椒、南瓜、鸡蛋 1 枚。

调料：精盐 0.5 克，白醋 100 克，绵白糖 250 克，葱 15 克，姜 10 克，黄酒 15 克。

辅助料：吉士粉 150 克，水淀粉 50 克。

工艺流程：

里脊肉洗净→改刀→腌制→拍粉→油炸→炒汁→浇汁→点缀、装饰→成品

初加工：

1. 猪里脊肉去除多余筋膜，洗净待用。
2. 葱、姜去皮洗净，待用。
3. 青椒取籽洗净。

切配：

1. 将里脊肉改刀成长 4.5 厘米，宽 3 厘米，厚 0.2 厘米的片，漂去血水沥干后放入碗中，倒入精盐 0.5 克，葱 15 克，姜 10 克，黄酒 15 克，加鸡蛋液腌制 10 分钟，拍上吉士粉待用。
2. 南瓜用雕刻刀刻成花托，加糖 100 克，蒸制成熟后待用。
3. 青椒刻成花叶和花茎形状后用油焐熟待用。

烹调：

1. 炒锅置火上，加入色拉油，待油温 5 成热时，用筷子依次放入拍上吉士粉卷成绣球花瓣状的里脊卷，炸至色泽金黄、外酥内嫩捞出摆在盘中。

2. 另用炒锅加入鲜橙汁 100 克，白醋 100 克，绵白糖 150 克，熬成汁后用水淀粉勾芡，再加入色拉油于浓汁中，浇在炸好的里脊卷上。

3. 将里脊卷固定在熟南瓜花托中，再围上花叶和茎呈盛开绣球花状即点缀装盘成菜。

操作关键：

1. 刀工处理时猪肉纹理要斜切，猪肉的肉质比较细、筋少，如横切，炒熟后变得凌乱散碎，如斜切，即可使其不破碎，刀工要均匀。

2. 炸制时，油温要控制在 5~6 成热投料炸制定型。

3. 熬汁时火力不要过大，汁芡呈糊芡，要适中。

4. 装饰、点缀要自然、美观、大方。

菜品特点：

色泽清新，酸甜适口，橙香怡人，外酥内嫩，造型新颖。

任务评价与反馈

绣球里脊实训操作评价标准（附评分表）：

1. 过程评价

序号	评价内容	评价标准	分值	得分
1	准备工作	原料、工具、餐具等准备得当	10	
2	初加工过程	加工过程合理，姿势、动作到位	20	
3	切配过程	符合切配要求，姿势、动作到位	20	
4	烹调过程	正确掌握火候，姿势、动作到位	20	
5	装盘与装饰	装盘、装饰美观	10	
6	个人卫生	工作衣帽整齐、干净、清洁，符合卫生标准要求	10	
7	环境卫生	整个过程及时打扫环境卫生，环境优良	10	

2. 成品评价

序号	评价内容	评价标准	分值	得分
1	初加工标准	主辅料洗净	15	
2	切配标准	里脊肉改刀大小均匀，符合标准	15	
3	烹调标准	火候恰当，外酥内嫩，汁芡适中	15	
4	口味标准	口味酸甜适口	15	
5	色泽标准	色泽橙黄色、油亮	15	
6	营养标准	营养搭配合理、丰富	10	
7	卫生标准	原料洗涤干净，餐具用具洗涤干净，加工、烹调过程符合卫生要求	15	

扩展提升

猪肉为人类提供优质蛋白质和必需的脂肪酸，可提供血红素（有机铁）和促进铁吸收的半胱氨酸，能改善缺铁性贫血。烹调前忌用热水清洗，因猪肉中含有一种肌溶蛋白的物质，在 15 ℃以上的水中易溶解，若用热水浸泡就会散失很多营养，同时口味欠佳。通过本菜品的设计思路，同学们思考下用里脊肉和冬笋在沿用本菜品加工工艺的同时，能否用别的烹调方法如滑、熘进行菜品创作？

巩固与提高

1. 本菜制作过程中的上浆拍粉在烹调过程中起到了什么作用？
2. 对比糖醋里脊、锅包肉的制作工艺与本菜有哪些相同点和不同点？
3. 在芡汁口味与原料上，此菜可做什么变化？

6.2.2 红梅映雪

1）概述

红梅映雪是将蛋清打发，在盘中堆成雪山状后蒸熟，再将鸡脯搅蓉并加入菜汁炒熟围于雪山周围，最后将滑炒后的芹芽鸽丝置于雪山之上制成的一款菜品。此菜白绿红相间，造型大气美观，一菜多吃，鸡粥滑嫩，鸽脯鲜香，芹芽脆嫩爽口。

2）原料的选用

（1）鸡蛋

必须选用新鲜鸡蛋，因为蛋清越新鲜它包裹气体的能力就越强，越容易打发。反之，则蛋清不易打发，不易定型，影响雪山的形态。

（2）鸡肉

应选择无骨、细嫩、无筋膜的鸡脯肉，使鸡粥炒熟后达到滑嫩、细腻的效果。

任务实施

1. 教师解读任务书，布置任务。
2. 学生阅读任务书及任务资料，对不清楚的部分提问。
3. 分组讨论，合作完成任务，写出计划书。
4. 教师讲解范例和演示范例。

菜品盘式设计范例示范（2 课时）

红梅映雪

鸡蛋 10 个，香菇 50 克，红椒 50 克，光鸽 2 只，芹芽 100 克，光鸡 1 只，青菜 300 克，葱姜汁 10 克。

原料：

主料：鸡脯 400 克，鸽子 2 个。

配料：鸡蛋 6 个，香菇 50 克，红椒 50 克，芹芽 100 克，青菜 300 克，葱姜汁 10 克。

调料：盐 8 克，味精 3 克，糖 2 克，料酒 5 克，酱油 5 克，淀粉 10 克。

工艺流程：

蛋清打发→堆成雪山状→蒸制 ↓

鸡脯→切片→漂水→搅蓉→加入菜汁→炒制→装盘→装饰→成品

鸽子宰杀洗净→取脯肉→切丝→上浆→滑炒 ↑

初加工：

1. 鸽子宰杀洗净，取胸两侧脯肉待用。
2. 青菜取叶，剁碎，加盐 3 克拌匀，取出菜汁备用。

切配：

1. 将 3 个鸡蛋敲开，取出蛋清，打发后在盘中堆成雪花状。
2. 将红椒雕成梅花状，香菇雕成梅枝，芹芽切成 5 厘米长、0.3 厘米粗的丝备用。
3. 将鸡脯切片、漂水，放入搅拌机打成细蓉，加入蛋清 3 个，水淀粉 30 克，青菜汁 100 克，葱姜汁 10 克，搅拌均匀。
4. 取下鸽脯切成 5 厘米长，0.3 厘米粗的丝，再依次加入料酒 1 克，盐 1 克，蛋清 5 克，淀粉 3 克，搅拌均匀。

烹调：

1. 将梅花、梅枝嵌在雪山上，再将雪山上笼，微火蒸制成熟、定型。
2. 在净锅中加入鲜汤 300 克，盐 5 克，味精 2 克，料酒 3 克，慢慢淋入鸡蓉小火炒制，勺子贴锅推转待鸡蓉凝固，分 3 次一边炒一边淋入 10 克色拉油，炒至鸡蓉成熟，呈粥状。鸡粥出锅，装于雪山周围。
3. 将鸽丝与芹芽下入 3 成热油锅中，滑至成熟，倒入漏勺中沥油。锅留底油，葱姜炝锅，下入鸽丝、芹芽丝，加盐 1 克，味精 1 克，糖 2 克，料酒 1 克，酱油 5 克炒拌均匀，水淀粉勾芡，淋麻油出锅。

4. 装盘：将鸽丝芹芽装于雪山上，即成。

操作关键：

1. 蛋清要打至硬性发泡，及时上笼用微火蒸制，切记用大火急蒸，以保证雪山形态美观。

2. 鸡脯切片后，要充分漂水，以便去除血水，保证鸡粥的品质。

3. 在炒制鸡粥时，鸡蓉要慢慢加入，并且用小火加热。

4. 鸽丝滑油时，油温要控制在3成热左右。炒制时，勾芡浓度要适当，芡汁要紧包在鸽丝表面，做到明油亮芡。

菜品特点：

白绿红相间，造型大气美观，一菜多吃，鸡粥滑嫩，鸽脯鲜香，芹芽脆嫩爽口。

任务评价与反馈

红梅映雪实训操作评价标准（附评分表）：

1. 过程评价

序号	评价内容	评价标准	分值	得分
1	准备工作	原料、工具、餐具等准备得当	10	
2	初加工过程	加工过程合理，姿势、动作到位	20	
3	切配过程	符合切配要求，姿势、动作到位	20	
4	烹调过程	正确掌握火候，姿势、动作到位	20	
5	装盘与装饰	装盘、装饰美观	10	
6	个人卫生	工作衣帽整齐、干净、清洁，符合卫生标准要求	10	
7	环境卫生	整个过程及时打扫环境卫生，环境优良	10	

2. 成品评价

序号	评价内容	评价标准	分值	得分
1	初加工标准	鸽子宰杀、洗净	15	
2	切配标准	鸽丝、芹芽丝长短一致，粗细均匀	15	
3	烹调标准	火候恰当，鸡粥滑嫩，鸽脯鲜嫩，明油亮芡	15	
4	口味标准	口味咸鲜，适口	15	
5	色泽标准	蛋清雪白，鸡粥鲜绿，鸽丝红亮	15	
6	营养标准	营养搭配合理、丰富	10	
7	卫生标准	原料洗涤干净，餐具用具洗涤干净，加工、烹调过程符合卫生要求	15	

扩展提升

在以上菜品设计的基础上，还可以创作出百鸟归巢等菜肴。菜品盘式设计要根据食材的性质、特点进行创作，因为各种食材的性质各不相同，有老、韧、脆、软、嫩。只有结合原料的特性，才能创造出好的菜品，适应消费者需求。

巩固与提高

1. 通过以上菜例的学习，你能做出什么菜肴?
2. 在选用制作红梅映雪原料时，如果鸡蛋不新鲜，在打发蛋清时会出现什么问题?
3. 试一试，如果老师给你一只肉鸡和其他配料，你能不能做出其他菜肴?

项 目 7
菜品烹调方法

项目导学

对于许多想掌握中式菜品烹调方法的同学来说，能亲手烹制出色彩鲜艳、味美可口、赏心悦目的精制菜肴是我们烹饪专业生涯中最幸福的一项工作。前面，我们已经学习了菜品盘式设计，下面，我们将结合菜品盘式设计进行菜品烹调方法学习。

学习目标

- 学习完本项目内容后，同学能掌握菜品烹调的操作方法和技巧，以及菜品烹制后如何进行装盘、点缀等工艺方法。
- 了解菜品烹调方法对菜肴制作起到至关重要的作用。

认知目标

- 通过学习，学生能掌握菜品烹调方法在菜肴制作方面的运用。
- 理解并能分析菜品烹调方法对菜肴制作的实际意义和起到的作用。
- 了解菜品烹调方法在烹饪运用中的重要性。

技能目标

- 掌握各种菜品烹调方法的操作方法。
- 正确地对菜品烹调进行操作。
- 能灵活多样地操作各类菜肴。

情感目标

- 实训学生要有一定的职业素养和职业道德，要有一定的专业理念和专业修养，端正学习态度，生产实习中要注意安全，保证食品卫生和个人清洁。
- 同学之间要协调、沟通，共同完成学习任务。
- 乐于学习，增加感性认识和兴趣，勤学苦练，开拓进取和创新意识。

任务1　菜品烹调方法思路

任务情境

烹饪专业学生陈洋进入一家五星级酒店餐厅实习，陈洋的工作任务是协助柳师傅对菜品进行烹调方法改进。陈洋跟着柳师傅做了一学期后，发现虽然菜品烹调方法多样，各有特色，但只要认真学习，规范操作，就可以创作出精美的菜肴。陈洋看到客人享用美味菜品时流露出的喜悦和对烹饪工作者的赞许，认识到学习烹饪不仅要有理论知识，而且要有扎实的基本功和操作技巧。

同学们，让我们跟着陈洋一起来学习菜品烹调方法吧，以创作出更美的菜品做给家人、朋友品尝，一起分享烹饪带来的美味和快乐。

任务要求

通过学习我们将：

1. 明确菜品烹调方法的意义。
2. 能按菜肴形态对菜品烹调方法操作。
3. 能按操作工艺对菜品烹调方法进行设计。
4. 能利用各种食材对菜品烹调方法进行应用。

任务书

柳师傅给陈洋下了任务单，让他根据客人分餐要求进行菜品烹调方法设计。如果你是陈洋，该怎么设计呢？

1. 预读本章相关内容，查找资料。
2. 学生分组，利用所学的烹饪知识和掌握的烹调方法。选出一种喜欢的菜品烹调方法进行烹制。
3. 根据所选原料确定自己要做的品种。
4. 写出计划书。

任务资料

1. 相关知识和参考资料。
2. 多媒体。

知识准备

菜品烹调方法的发展历史悠久，是中国烹饪文化的重要组成部分，是菜肴制作的关键。菜品烹调方法在烹饪行业应用广泛，在菜肴制作和筵席菜制作中有独特地位和作用。烹调方法操作正确与否对菜品质量有着重要影响。

7.1.1 菜品烹调方法的地位

1）菜品烹调方法是烹饪工艺中的组成部分

随着社会的发展、人民生活水平的改善和提高，人们对菜品质量的要求越来越高，饮食文化生活愈加文明，对菜肴成品制作工艺更加精细，因此，菜品烹调方法在烹饪发展中的地位愈显突出。烹调方法操作是否得当，对于烹制的菜肴成品有一定的影响。菜肴的烹饪制作要根据食材的质地、性质选择烹调方法，性质的不同选择的烹调方法不同，运用多种烹调方法对各种烹饪原料进行烹制，通过精湛的烹饪技艺，烹制出美味佳肴，给人们美食和享受。所以，菜品烹调方法是一项重要的菜肴制作技术，是中国烹饪工艺发展中的组成部分。

2）菜品烹调方法是中国烹饪菜肴、筵席菜制作的关键

中国烹饪历史悠久，流派众多，各派风格迥异。菜肴制品的烹调方法因气候、区域环境的长期影响和人们的饮食嗜好而自成体系，菜肴制作各自形成了鲜明特点。如广东菜的煲汤、盐焗、烤乳猪等，山东菜的油爆、葱烧、扒等，江苏菜的清炖、黄焖、大煮等都最具特色。烹调方法的多样性是菜肴风味形成的决定因素，是中国烹饪菜肴、筵席菜制作的关键。科学的原料配伍，合理的烹调方法，以及菜肴的美化，对菜肴制作起到了锦上添花的作用，突出了菜肴特色，活跃了筵席气氛。菜品烹调方法是中国烹饪菜肴、筵席菜必须掌握的一项烹调制作技艺。

3）菜品烹调方法是中国烹饪发展的需要

随着社会经济的发展、生产力的提高、物质的丰富、生活的改善，人们对饮食的要求也越来越高。对于烹饪技艺的要求也越来越精致，对菜肴制作方法和质量要求更加规范，既在生理上饱口福，也在精神上得到享受。精美的菜品制作和适当烹调手段，正是菜品烹调方法的需求。菜品烹调方法的改进提升了菜肴制作档次，突显了中国烹饪技艺，使人们从膳食中得到了享用，增进了食欲。所以，菜品烹调方法是中国烹饪发展的需要，是烹饪工作者必须掌握的一项技艺。

7.1.2 菜品烹调方法的作用

1）展示菜肴质感美，筵席整体美

菜肴烹调方法在制作中，都应根据原料性质、形态、大小等加工烹制，制作中应有一定的技术性和艺术性，使菜肴、筵席菜肴的烹制具有合理性、科学性，突出菜肴的质感，丰富菜品的艺术内涵，充分显示出菜肴制作中烹调方法的多种运用，以及烹制出的精美菜肴，特别是整套筵席烹调方法的协调美，彰显出中国烹饪的特色，使人们心旷神怡。人们在饮食中得到菜肴的质感美和筵席菜制作的和谐美，美哉饮食。

2）改变食物形态，体现工艺美

我国幅员辽阔，食材众多，烹饪原料丰富，原料形态各异，原料外观形态影响着菜肴

制作整体质量。烹饪原料形状的改变要通过刀工处理、烹调手段及其他方法来改变形态，恰当的烹调方法对菜肴制作的形态至关重要，是菜肴制品成败的关键。烹调方法使用得当能突出菜肴特色，使菜肴形态美观，造型独特。如麻花鱼、菊花肉、麦穗腰花、高丽银鱼、孔雀鱼扇等菜肴通过恰当的烹调方法制作，突出了菜品风味特点，体现了菜肴烹调的色泽美，制作精，工艺美。

3）烹调方法改进，促进烹饪饮食技艺提升

菜品烹调方法是烹饪技艺的一部分，是菜品制作的重要手段，其不断地改进和发展，提高了烹饪技能，由过去单一的明火烹调，发展到现在的电磁烹调、微波烹调、分子烹调等无火烹调。这些菜品烹调方法的出现，提升了烹调发展空间，改进传统烹调操作方法，减小了劳动强度，缩短了烹制时间，方便了菜品操作。这些菜品制作新工艺，使菜品烹调方法更加丰富，菜肴品种烹制方法更加多姿多彩。烹饪操作新工艺的改变和提高，为烹饪发展奠定了坚实基础，推动了烹饪饮食技艺提升和发展。

7.1.3 菜品烹调方法思路

1）选择好烹调方法，有利于健康

随着人们物质文化生活水平的提高，人们消费理念和营养价值与以往不同，对菜品的卫生质量和营养需求也发生了深刻变化，食得好，饮得卫生，健康是金是顾客饮食时尚，有利于健康的烹调方法越来越受到人们的青睐。因此，要求烹饪工作者多使用有利于人们健康的烹调技法，如炖、焖、煨炒、熘、蒸等，少用烟熏、油炸、火烤这一类烹饪方法，人们长期食用这类烹调方法制作的菜肴会导致患病或致癌。因烟熏、油炸、火烤等制作方法烹制食物会产生一种叫3，4-苯并芘的多环芳烃类有机物，是公认的强致癌物质之一。科学研究表明，食物经过烟熏、火烤以后，可以生成大量的多环芳烃。多环芳烃对人体健康有一定的损害，这种多环芳烃一部分来自熏烤时的烟气，另一部分来自食品本身焦化的油脂。所以，为了烹饪事业健康发展，为了人们健康，烹调中多选用健康的烹调方法。

2）菜品烹调方法要与本地烹饪文化相适应

菜品烹调方法的发展和提高要适应本地人们饮食习性需求。要结合当地地理情况、饮食文化，以及本地区人们的生活习惯、烹饪文化、餐饮爱好，进行操作设计，还应根据本地原料和特产进行文化艺术加工，创作出的菜品有着极具美食欣赏文化气质。如扬州红楼宴、曲阜孔府宴、洛阳水席、淮安鳝鱼席、盱眙龙虾节等一整套菜品制作都保持了饮食文化特色，以人文典故地方风味见长，烹饪文化艺术的推动，丰富了饮食文化内涵，提升了人们饮食文化修养。在这些菜品制作中，烹调方法贯穿其中，适应了人们的饮食需求。独特的烹调技法，心旷神怡的风味菜品及当地人文饮食习惯，能为烹饪文化持续发展提供动力和保障。

3）菜品烹调方法要和食疗养生相适应

随着人们对健康的重视，食疗养生已被人们普遍认识和接受，食疗养生已成为人们现代生活的重要组成部分，菜品制作烹调方法是否符合健康养生得到人们的重视和青睐。合理烹调，合理的饮食习惯能起到防病治病、健身强身、延年益寿的作用。食疗就是将食物合理搭配通过烹调加工而食用的特殊膳食，使人们食用后能达到防病、健身的功效。食疗使用的原料广泛，制作的菜肴多是原汁原味的汤、羹、粥类等菜肴，因此，烹调多选用蒸、炖、煮、煨、熘等加工方法，以确保达到食疗养生的效果。作为一名餐饮工作者，应能掌握食疗养生知识根据原料特性合理搭配，巧妙烹制，辩证施膳，使烹调方法和食疗养生相适应，烹制出更好的食疗养生菜肴，为人们健康服务。

4）菜品烹调方法要有创新意识

社会的进步，人们物质生活的改善，对菜品烹调方法操作来说是机遇，是发展，也是挑战，这要求菜品烹调方法在传统烹饪技艺上进行改进、创新。新食材、新技术、新工艺不断推出，为我们对菜品烹调方法提出了新要求，也为我们对菜品烹调方法提高、创新打开了想象空间。研发菜品烹调方法合理应用，善于使用新设备、新原料，巧妙地运用新工艺，如旋转烧烤炉、多功能电饭煲、低压真空烹调机、智能烹饪锅等烹饪新设备，这些设备无烟、卫生、环保。使用时只要烹调方法得当，一定能烹制出适合人们需要的菜品。开拓、创新的菜肴品种，改进、提高烹调技能是餐饮工作者的职责，烹饪工作者一定要有创新意识，烹制出口味独特，做法别致菜肴，使顾客能够接受和满足其消费猎奇心理。

任务实施

1. 教师解读任务书，布置任务。
2. 学生阅读任务书及任务资料，对不清楚的部分提问。
3. 分组讨论，合作完成任务，写出计划书。
4. 教师讲解、演示。

扩展提升

1. 菜品烹调方法的意义

菜品烹调方法提升，是中国烹饪事业发展的需要，体现着烹饪工作者的娴熟技能和对菜品创造的敬业精神，是展示菜点美、筵席美特色的重要技法，是发挥烹饪技艺的特殊手段，菜品烹调方法的改进和提高，必将给人们带来更丰富、更有特色的美食享受。

2. 菜品烹调方法要有创新意识

菜品烹调方法的提高和发展要适应社会的需求，要适应社会的发展，就要跟上时代的步伐，就要求烹饪工作者走入社会，调研市场，潜心研究，要有创新意识，用科学的技术和手段做出符合中国国情的餐饮烹调方法，结合新原料创新，应用新工艺创新，中西结合创新，在传统菜肴基础上创新，贴近市场，创作出更多、更美的菜品。

巩固与提高

通过以上学习，学生们对学习菜品烹调方法制作有了一定认识和了解，使学生懂得要想掌握这一技术还要勤学苦练，规范操作，实践中学，实践中练，通过学和练，烹制出新颖的菜肴。

任务 2　菜品烹调方法范例

任务情境

张建是烹饪专业的学生，在一家五星级酒店实习。通过一段时间的学习，张建同学掌握了一些菜品制作烹调技法，大煮干丝是酒店的热销菜，张建按照厨师长要求和所学的专业技能，结合这一时期的工作经验，努力学习大煮干丝的烹饪方法，并能独立制作这道经典名菜，厨师长对此给予了充分肯定，张建也得到了其他同事的一致认可。

任务要求

1. 明确菜品烹调方法需要。
2. 根据菜品质量要求，做好菜品烹调方法。

任务书

1. 学习本次内容，查找资料。
2. 根据教师示范品种，列举相关菜品设计。
3. 加强动手能力，写出实训报告。

任务资料

1. 相关知识和参考资料。
2. 实训设备：炉灶、炒锅、蒸锅、手勺、油盆、刀具、菜墩、餐具等。
3. 实训原料：不同品种，实训原料不同，详见实训食谱。

知识准备

7.2.1 大煮干丝

1）概述

“大煮干丝”又称“鸡汁煮干丝”，风味之美，历来被推为席上美馔。它口味清爽而且很有营养。这道看似容易的菜，其实并不简单，火腿和开洋的鲜味渗入到极细的豆腐干丝中，丝丝入扣，没有一丝豆腥，乃是脍不厌细的代表作。

2）原料的选用

（1）方干

方干要挑形状方整、有弹性、颜色洁白微黄的，而且闻之要有豆香而无豆腥的，才是上品。质量好的方干，断面平整、均匀，而质次的断面参差不齐，一煮就烂，难以达到菜品要求。

（2）火腿

火腿要用上方，且只用瘦肉，要切成细丝，方能体现厨师的极致刀工。

任务实施

1. 教师解读任务书，布置任务。
2. 学生阅读任务书及任务资料，对不清楚的部分提问。
3. 分组讨论，合作完成任务，写出计划书。
4. 教师讲解范例和演示范例。

菜品盘式设计范例示范（2 课时）

大煮干丝

原料：

淮扬香干 200 克。

配料：金华火腿 15 克，冬笋 25 克，虾仁 20 克，虾子 3 克。

调料：盐 10 克，鸡精 10 克，鸡汤 300 克，熟猪油 30 克。

工艺流程：

香干批片切丝→火腿切丝→水煮→放鸡汤→调味→煮制→出锅→装盘

初加工：

1. 冬笋洗净，去除笋衣、老根，待用。
2. 吊制鸡汤，待用。

切配：

将方干、火腿、冬笋先劈成薄片，再切成细丝。

烹调：

1. 将切好的干丝放入沸水钵中浸烫，沥去水，再用沸水浸烫两次，捞出沥水。

2. 取一净锅置于火上，舀入熟猪油 15 克，放入虾仁炒至乳白色时，倒入碗中备用。

3. 锅中舀入鸡汤 300 克，将干丝、笋丝放入锅中，加入虾子 3 克，熟猪油 15 克，置旺火烧 15 分钟，待汤浓厚时，加入精盐。加盖再煮 5 分钟后离火。将干丝堆入凹盘中，淋入汤汁，放上火腿丝，撒上虾仁即成。

操作关键：

1. 方干批片时，要注意厚薄适中、均匀，一般以一块方干批 26 片为宜。过厚则不易入味，体现不出刀工，过薄则容易碎散。

2. 干丝切好后，必须用沸水浸烫两次以上，以去除豆腥味。

3. 干丝在烹调时，宜采用中小火加热，尽量少用手勺搅动，避免干丝碎散。

菜品特点：

色彩素雅美观，干丝鲜嫩绵软，汤汁鲜醇味美。

任务评价与反馈

大煮干丝实训操作评价标准（附评分表）：

1. 过程评价

序号	评价内容	评价标准	分值	得分
1	准备工作	原料、工具、餐具等准备得当	10	
2	初加工过程	加工过程合理，姿势、动作到位	20	
3	切配过程	符合切配要求，姿势、动作到位	20	
4	烹调过程	正确掌握火候，姿势、动作到位	20	
5	装盘与装饰	装盘、装饰美观	10	
6	个人卫生	工作衣帽整齐、干净、清洁，符合卫生标准要求	10	
7	环境卫生	整个过程及时打扫环境卫生，环境优良	10	

2. 成品评价

序号	评价内容	评价标准	分值	得分
1	初加工标准	开洋挑拣，浸酒去腥	15	
2	切配标准	干丝、笋丝刀工处理长短一致，粗细均匀	15	
3	烹调标准	火候恰当，汤汁浓郁	15	
4	口味标准	汤汁鲜醇	15	
5	色泽标准	色彩美观	15	
6	营养标准	营养搭配合理、丰富	10	
7	卫生标准	原料洗涤干净，餐具用具洗涤干净，加工、烹调过程符合卫生要求	15	

扩展提升

在以上菜品设计的基础上，还可以创作出芹菜干丝、扣三丝等菜肴。菜品盘式设计要根据食材的性质、特点进行创作，因为各种食材的性质各不相同，有老、韧、脆、软、嫩。只有结合原料的特性，才能创造出好的菜品，才能适应消费者需求。

巩固与提高

1. 通过以上两个菜例学习，你能做出什么菜肴?
2. 在选用制作香干原料时，如果香干质次，香干丝会出现什么问题?
3. 试一试，如果老师给你两块香干和其他配料，你能不能做出其他菜肴来?

7.2.2 扬州炒饭

1）概述

扬州炒饭又名碎金饭，其经过历代厨坛高手逐步创新，逐步融合了淮扬菜“选料严谨，制作精细，加工讲究，注重配色，原汁原味”的特色，终于发展成为淮扬风味有名的主食之一。扬州炒饭的特点是饭菜合一，点菜合一。制作前，先要煮出软硬适度，颗粒松散的米饭，以蛋炒之，如碎金闪烁，光润油亮，鲜美爽口，被形象地称为“金裹银”。扬州炒饭早已名扬海内外，在国外众多中餐馆中，大多能见到这一扬州名品。

2）原料的选用

（1）籼米

籼米又称长米、仙米，是用籼型非糯性稻谷制成的米。它属于米的一个特殊种类，米细长形，米色较白，透明度比其他种类差一些。煮食籼米时，因为它吸水性强，膨胀程度较大，所以出饭率相对较高，比较适合做米粉、萝卜糕或炒饭。

（2）鸡蛋

鸡蛋应选择新鲜的草鸡蛋，可使蛋炒饭颜色更为艳丽，口味更为醇香。

任务实施

1. 教师解读任务书，布置任务。
2. 学生阅读任务书及任务资料，对不清楚的部分提问。
3. 分组讨论，合作完成任务，写出计划书。
4. 教师讲解范例和演示范例。

菜品盘式设计范例示范（2 课时）

扬州炒饭

原料：

主料：上白籼米饭 500 克，鸡蛋 5 个。

配料：水发海参 25 克，熟鸡脯肉 25 克，熟火腿肉 25 克，猪肉 20 克，水发干贝 12 克，上浆河虾仁 5 克，熟鸭腕半个，水发冬菇 12 克，冬笋 12 克，青豆 12 克。

调料：葱末 7 克，绍酒 7 克，精盐 15 克，鸡清汤 13 克，熟猪油 100 克。

工艺流程：

米饭蒸制、冷透→配料刀工处理、炒制→炒蛋→放入饭→翻炒调味→加葱花→出锅→装盘

初加工：

1. 白米饭蒸制后，冷透放 1 晚，待用。
2. 新鲜河虾去头尾，剥壳洗净。

切配：

将火腿、鸭肫、鸡脯肉、冬菇、冬笋、猪肉均切成略小于青豆的方丁，鸡蛋打入碗内，加精盐 10 克，葱末 3 克搅拌均匀。

烹调：

1. 炒锅上火烧热，舀入熟猪油 35 克烧热，放入虾仁划油至成熟，捞出沥油。

2. 放入海参、鸡肉、火腿、冬菇、冬笋、干贝、鸭肫、猪肉煸炒，加入绍酒、精盐 3 克、鸡清汤烧沸，盛入碗中作什锦浇头。

3. 炒锅置火上，放入熟猪油 65 克，烧至 5 成热时，倒入蛋液炒散，加入米饭炒匀，倒入一半浇头，继续炒匀，将饭的 2/3 分装盛入小碗后，将余下的浇头和虾仁、青豆、葱末 5 克倒入锅内，同锅中余饭一同炒匀，盛放在碗内盖面即成。

操作关键：

1. 白米饭应提前一晚煮好，放入冰箱过一夜，再取出下锅做成蛋炒饭，这样的饭粒会饱满干身，口感也很弹牙。

2. 要使蛋炒饭炒制时不粘锅，必须保持炒锅的热度，炒制蛋液前一定要润锅。

3. 扬州炒饭用油量要适中，米饭与配料一定要炒透。

任务评价与反馈

扬州炒饭实训操作评价标准（附评分表）：

1. 过程评价

序号	评价内容	评价标准	分值	得分
1	准备工作	原料、工具、餐具等准备得当	10	
2	初加工过程	加工过程合理，姿势、动作到位	20	
3	切配过程	符合切配要求，姿势、动作到位	20	
4	烹调过程	正确掌握火候，姿势、动作到位	20	
5	装盘与装饰	装盘、装饰美观	10	
6	个人卫生	工作衣帽整齐、干净、清洁，符合卫生标准要求	10	
7	环境卫生	整个过程及时打扫环境卫生，环境优良	10	

2. 成品评价

序号	评价内容	评价标准	分值	得分
1	初加工标准	米饭的成熟度	15	
2	切配标准	炒饭配料刀工处理整齐划一	15	
3	烹调标准	火候恰当，油温适中	15	
4	口味标准	咸淡适宜，口味醇香	15	
5	色泽标准	色彩丰富，米饭与蛋液金银相间	15	
6	营养标准	营养搭配合理、丰富	10	
7	卫生标准	原料洗涤干净，餐具用具洗涤干净，加工、烹调过程符合卫生要求	15	

扩展提升

在以上菜品设计的基础上，还可以创作出海鲜炒饭、腊味炒饭等菜肴。菜品盘式设计要根据食材的性质、特点进行创作，只有结合原料的特性，才能创造出好的菜品，才能适应消费者需求。

巩固与提高

1. 通过以上两个菜例学习，你能做出什么菜肴？

2. 在选用制作扬州炒饭原料时，如果米饭没有冷透或过于软烂，最后翻炒会出现什么问题？

3. 试一试，如果老师给你一碗米饭和其他配料，你能不能做出其他菜肴来？

项 目 8
菜品装饰设计

项目导学

对于很多菜肴来说，装饰的好坏直接影响到整个菜品的质量。适当的装饰可以烘托主题，提高菜肴的可看性和档次，让菜肴具有视觉冲击，直接让客人有食欲。结合我们以前学习的相关知识，接下来我们会用到更多的方法和思路来学习菜肴的装饰设计，以帮助同学们做出更多美观实用的菜肴。

学习目标

- ✧学习完本项目内容后,同学们能掌握菜品装饰的方法和装饰设计技巧。
- ✧掌握菜品装饰设计对菜品质量的重要性。

认知目标

- ✧学习完本节内容后，能掌握菜肴装饰设计的几个原则。
- ✧理解并能分析影响菜肴装饰设计的几个基本要素。

技能目标

- ✧可以掌握装饰的方法。
- ✧针对不同的菜肴，正确应用相应的装饰方式。
- ✧能够掌握常见的装饰方法，并结合自身特长装饰菜肴。

情感目标

- ✧理解装饰的原则，适度装饰，不浪费。
- ✧提高自身的审美观念是装饰的基础，必须提高自身的艺术修养。
- ✧结合所学知识，平时注意多方面的积累，能创作有自身艺术个性的装饰。

任务1　菜品装饰设计思路

任务情境

李曦城是烹饪专业的优秀毕业生，多次获得过各级各类烹饪大赛的奖项，是同学们心目中的楷模。无论多么普通的菜肴，只要经过他的双手，稍加装饰就可以获得艺术价值的体现。他擅长装点各类菜肴，许多高星级酒店都邀请他加入。最终他选择了一家五星级酒店作为正式工作的起点。

同学们，让我们跟着他一起学习菜品装饰设计制作吧，让我们化“腐朽”为神奇，将最普通的菜肴进行装裱，跟家人、朋友一起分享烹饪带来的美味和快乐。

任务要求

通过学习我们将：

1. 明确菜品装饰设计的定义。
2. 理解菜品装饰给菜肴成品最终带来的附加值。
3. 了解相应的一些前沿菜品装饰的理念。
4. 能够理论联系实际，开拓思维，添加个性化创意。

任务书

李曦城今天接到了一项任务单，市书画协会来饭店举办例会，要求做一桌口味清淡，且装饰合理的菜肴，如果你是他，该如何对菜肴进行装饰呢？

任务资料

1. 相关知识和参考资料。
2. 多媒体。

知识准备

8.1.1　菜品装饰设计的意义

菜品装饰的意义是确立菜品装饰的特点、原则，菜品装饰设计思路以及菜品装饰设计的注意事项。菜品装饰设计是菜品制作后菜肴美化制作的关键，菜品装饰的方法有多种，是用鲜花点缀、用雕刻品种衬托，还是用可食性原料装饰，对于烹饪工作者而言，是一场饮食知识面和技能考量。装饰色彩是否符合菜品要求，对菜品整体质量有一定的影响。

8.1.2 菜品装饰设计思路

当今社会，随着人民生活水平的提高，对菜肴，已经不仅仅满足于单纯的口腹之乐，更多的人有更高的追求。因此，菜肴的点缀在现实运用中与时俱进，不断创新，但是，万变不离其宗，点缀在实际运用中要遵循具体的原则。

1）冷、热菜的点缀应以菜肴的特色为依据来进行

具体表现为：一是菜肴的色泽，一般采用反衬法，若菜色为暖色，则点缀物为冷色，其目的是突出菜肴特色；二是菜肴成菜的形态，如碎形原料，条、块、片等，可以采用全围点缀，而整形原料鸡、鱼、鸭或鸡腿、大虾等，则可以采用中心点缀或对称半围式点缀法；三是菜肴的品种；四是菜肴的味道，甜菜可以用甜味点缀物，麻辣味菜可以用味淡的点缀物，总之，要以不影响菜肴的原有风味为宜。

2）宴会菜肴的点缀要依据宴会的档次、接待的对象、具体菜品等进行安排

一是一般的家宴，多为家常菜肴，要用普通原料进行点缀，档次不要过高，否则，有主次不分之感。中档宴会的菜肴比较讲究，要用特殊原料进行点缀，以免破坏整个气氛。二是考虑接待对象的要求与爱好，如果是外来客人，应考虑用本地的特色材料作点缀物，体现菜肴的地方风味。同时还应注意一些国外习俗和民族信仰习惯，一些不受喜欢或忌讳的花卉不可以用来点缀菜肴，以免适得其反。三是考虑接待对象的自身因素，包括年龄、性格、爱好等，年龄大的可以采用寓意长寿、祝福的点缀物。年轻人则可以用热烈、明快的点缀物。菜肴点缀应注意以下几个问题：

①盛器与点缀物要协调。盛器的颜色、图案与点缀物之间要协调。对于一些异形盘，其点缀物要与之适应，相称。

②点缀物要尽量利用可食性材料制作。不可食用的材料一般不用，特别是不可食用的新鲜花朵、树叶以及塑料制品，不宜用来做点缀物。

③点缀物的卫生问题。不要使用色素加工点缀物，其制作时间不要过长，以免污染菜肴而引起食物中毒。

任务实施

1. 教师解读任务书，布置任务。
2. 学生阅读任务书及任务资料，对不清楚的部分提问。
3. 分组讨论，合作完成任务，写出计划书。
4. 教师讲解、演示。

扩展提升

1. 菜品装饰设计的意义

菜品通过装饰可以大大增加其艺术性和价值感，在一定程度上可以使食用者提升食欲，有利于实现菜肴价值的最大化。

2. 菜品装饰设计的创意

菜品装饰设计无论从其外表、内涵、食材、点缀物等多个方面来说，优秀的创意有时达到的效果是难以估量的。因此，需要开拓思路，锐意进取。只有这样，才能事半功倍。

巩固与提高

通过以上学习，学生们对学习菜品装饰设计制作有了一定认识和了解，但真正学好菜品的装饰设计对于每一位同学来说都不是易事，要有较为全面的知识，如绘画、雕刻、糖艺、面塑等作为基础，同时要开阔视野，善于走在时代前沿，接触新生的科技，结合传统文化，了解顾客需求，结合菜肴的特点及企业的文化。因此，本节提供的知识还远远不能满足现实的需要，希望同学们通过学习本节内容，自己再向所需方向进一步努力。

任务 2　菜品装饰设计范例

任务情境

在法国，厨师具有很高的社会地位，他们被民众看成艺术家。的确，如果厨师在制作出令人大快朵颐的菜品的同时，能把菜肴做得让人赏心悦目。不同的菜肴不同的人做口味有可能不同，菜肴的装饰更是如此。很多大师之所以能成名，除了他们扎实的基本功外，还取决于他们的其他修养，如文化、艺术等。陆洋就是这样一位厨师，他从小学习美术、书法等，同时，他也喜欢玩一些小手工，机缘巧合下他成为了一名厨师，今天厨师长要求陆洋做一个肉类菜品，要求有新意，陆洋接手了任务，走进了操作间。

同学们，让我们跟着陆洋一起，学习一下他的菜肴装饰设计吧。

任务要求

学习后我们将可以：

1. 根据菜肴的口味，分析点缀的原料。
2. 根据菜肴所处的宴席档次，进行点缀分析。
3. 根据菜肴的造型与色泽，设计点缀的构思。

任务书

厨师长给陆洋下了任务单，让他做出有创新意义的菜肴，同时，也可以考虑其他的几种形式。如果你是陆洋，该怎么做呢？

1. 预读本章相关内容，查找资料。
2. 学生 4 人 1 个小组，讨论相关做法，选出一种自己小组认为可行的方法。
3. 根据所选构思确定自己需要的原材料。

4. 写出计划书。

任务资料

1. 相关知识及参考资料。
2. 所用的盘子可到餐具库中选择。
3. 可选用以下原料：原料为肉类。
4. 工具为常用刀具和常用的其他工具。

知识准备

装饰点缀的几个方面：

1. 外源性装饰：是指从菜肴外部，找一些原材料经过加工对菜肴进行装饰处理。
2. 本源性装饰：利用菜肴本身的构造、汤汁的特点，进行处理产生美观的效果。

8.2.1 橄榄葫芦鱼

1）概述

橄榄葫芦鱼是选用白鱼经过去骨，剔刺，取净肉制蓉，制缔，分别制作两种造型，汆制后淋入高汤芡，点缀、装饰制成的一款菜品。此菜品色泽洁白如玉，光亮诱人，形似橄榄核与葫芦，口感柔嫩滑软，营养丰富。

2）原料的选用

（1）白鱼

要选用新鲜白鱼，因白鱼肉质特别细腻洁白，口味鲜美，出肉率高，吃水量大，制作出的成品能突出此菜的特点。

（2）蟹粉

蟹粉即用蟹拆肉，佐以配料煮成的食物，它可与很多其他食物配搭。用蟹粉制作的菜式可适合老人、小孩或一些嫌吃螃蟹麻烦的人士。制作蟹粉一定要选用新鲜的螃蟹。

任务实施

1. 教师解读任务书，布置任务。
2. 学生阅读任务书及任务资料，对不清楚的部分提问。
3. 分组讨论，合作完成任务，写出计划书。
4. 教师讲解范例和演示范例。

菜品盘式设计范例示范（2 课时）

橄榄葫芦鱼

原料：

主料：白鱼 1 000 克。

配料：炒蟹粉 300 克，胡萝卜 300 克，芥蓝 300 克。

调料：精盐 6 克，姜葱汁水 50 克，鸡精 2 克，清鸡汤 500 克。

辅助料：鸡蛋清 3 个，熟猪油 50 克。

工艺流程：

白鱼宰杀洗净→取净肉→制蓉→制缔→造型→汆制→成熟→点缀、装饰→成品

初加工：

白鱼宰杀洗净，去骨刺，漂去血水后沥干，用食品搅拌机制蓉 500 克待用。

切配：

1. 将鱼蓉加入 4 克精盐，2 克鸡精，分次加入姜葱汁水 50 克，上清汤 50 克，熟猪油 50 克，鸡蛋清 3 个混合搅拌制成鱼蓉。

2. 芥蓝、胡萝卜洗净削成橄榄形后焯水，炒蟹粉放进冰箱冷藏 30 分钟后取出切成 1 厘米的粒待用。

烹调：

1. 半份鱼蓉装进涂过油的葫芦模具中，分次灌入鱼蓉、蟹粉粒，挤出空气，抹平，汆入热水锅（70~80 ℃）中，养 6 分钟左右，待其成熟，脱去模具，将成品葫芦放在蒸熟南瓜雕刻的底座上待用。

2. 将剩余的鱼蓉放入手中，挤入冷水锅中成橄榄形，用小火加热至成熟即可捞出放入点缀围边待用。

3. 锅上火，倒入鸡清汤，加入橄榄胡萝卜，芥蓝、精盐、味精调味，勾芡，浇在橄榄鱼圆和葫芦上。

4. 点缀、围边成菜。

操作关键：

1. 取净鱼肉时应把鱼红、鱼刺取尽，鱼蓉制作尽量细腻。

2. 制缔时采用适量分次投料。

3. 制作橄榄形鱼圆时注意用力均匀，手法干净利落，造型要自然美观，整齐均匀。灌制葫芦时，注意灌缔量与嵌入馅心的时机并及时挤压出多余空气，以防止成熟后产生孔洞，

影响菜肴美观。

4. 氽制成熟火力不要过大，水温保持在 70~80 ℃。时间掌握要恰当，橄榄形的体积小，成熟即可。葫芦形应加大氽制时间，确保葫芦成熟后方可捞出避免出现外熟内生的现象。

5. 制作高汤芡时，要选用高级清汤，最好选用扬州三吊汤，汤汁清澄，口味鲜醇、咸淡适宜。勾芡时浓度恰当，为琉璃芡，不可过稀或过稠。过稀，汤汁不能裹到橄榄鱼圆上去；过稠，则显得菜肴黏稠，不清爽利索。

菜品特点：

色泽乳白，形状逼真，口感软嫩，馅心鲜香味醇，营养丰富，老少皆宜。

任务评价与反馈

橄榄葫芦鱼实训操作评价标准（附评分表）：

1. 过程评价

序号	评价内容	评价标准	分值	得分
1	准备工作	原料、工具、餐具等准备得当	10	
2	初加工过程	加工过程合理，姿势、动作到位	20	
3	切配过程	符合切配要求，姿势、动作到位	20	
4	烹调过程	正确掌握火候，姿势、动作到位	20	
5	装盘与装饰	装盘、装饰美观	10	
6	个人卫生	工作衣帽整齐、干净、清洁，符合卫生标准要求	10	
7	环境卫生	整个过程及时打扫环境卫生，环境优良	10	

2. 成品评价

序号	评价内容	评价标准	分值	得分
1	初加工标准	草鱼宰杀、洗净，制蓉洁白、细腻	15	
2	切配标准	制缔厚度，劲道适当，色泽洁白，造型逼真	15	
3	烹调标准	氽制火候恰当，时间恰当，勾芡适当	15	
4	口味标准	口味咸鲜适口，口感软嫩	15	
5	色泽标准	色泽洁白	15	
6	营养标准	营养搭配合理、丰富	10	
7	卫生标准	原料洗涤干净，餐具用具洗涤干净，加工、烹调过程符合卫生要求	15	

扩展提升

在以上菜品设计的基础上，还可以创作出雨花鱼圆、草莓鱼圆等。结合鱼蓉类菜肴加工的特点，利用各类原料色彩、质感和营养上的合理搭配，加入富有创造性的造型，才能创造出好的鱼蓉类菜品，推陈出新。

巩固与提高

1. 本菜具有哪些新巧的思考和设计？
2. 为什么我们在制作鱼蓉的过程中选择白鱼而不是草鱼或者花鲢鱼？
3. 试一试，如果运用混合缔和模型，请你设计一道菜肴。

8.2.2　如意上上签

1）概述

如意上上签是选用猪腰、墨鱼、彩椒，经刀工、腌渍、烹制、装盘、点缀、装饰而制成的一款菜品。此菜品造型美观，色彩鲜艳，香辣爽口。

2）原料的选用

（1）猪腰

挑选猪腰时，一定要选择新鲜的猪腰，以便烹调和保证食用卫生安全。新鲜的猪腰表面都是具有光泽和弹性的，颜色呈现淡褐色，并且肌肉组织比较结实。如果是猪腰的表面出现了出血点，那是不正常的，这个时候千万不能选用。

（2）墨鱼

新鲜的墨鱼柔软，不生硬，有点微湿，颜色是比较浅的淡褐色。现在市场上很多纯白色的，那都是用漂白剂漂白过的，看起来好像很漂亮，但对身体却是有害的，尤其是经常吃的，危害更大，切记不可选用。

任务实施

1. 教师解读任务书，布置任务。
2. 学生阅读任务书及任务资料，对不清楚的部分提问。

3. 分组讨论，合作完成任务，写出计划书。

4. 教师讲解范例和演示范例。

菜品盘式设计范例示范（2 课时）

如意上上签

原料：

主料：猪腰 200 克，墨鱼 200 克。

配料：葱 10 克，姜 15 克，大蒜头 10 克，三色彩椒各 1 个。

调料：精盐 0.5 克，生抽 5 克，美极鲜 3 克，绵白糖 5 克，黄酒 10 克，烧酒 10 克，辣妹子辣椒酱 10 克，桂林辣酱 5 克，藤椒油 3 克。

工艺流程：

猪腰、鱿鱼洗净→剞刀→腌制→拍粉→烹制→点缀、装饰→成品

初加工：

1. 猪腰从中间一分为二，去掉中间的白色臊腺，清水洗净，待用。

2. 墨鱼去头，中间剖开，撕去表面筋膜，洗净。

3. 葱姜蒜去皮洗净，彩椒洗净待用。

切配：

将猪腰内侧剞上十字花刀，改刀成方形片，放入碗中，倒入精盐 0.5 克，葱 10 克，姜 5 克，烧酒 10 克，腌制 10 分钟，待用。

墨鱼、彩椒改刀成猪腰大小相同的片。

姜、蒜切末。

烹调：

1. 炒锅置火上，加入色拉油，待油温 5 成热时，依次放入猪腰、墨鱼，加热至成熟迅速捞出，沥油，彩椒片过油备用。

2. 将生抽 5 克，美极鲜 3 克，绵白糖 5 克，黄酒 10 克，辣妹子辣椒酱 10 克，桂林辣酱 5 克，上汤 10 克，调成味汁。

3. 另用一炒锅，先炒香姜末、蒜末，再放入猪腰、墨鱼、彩椒爆香，烹入调好的味汁，最后淋入藤椒油 3 克，翻炒均匀出锅。

4. 依次将红椒、猪腰、青椒、墨鱼、黄椒用水果签串起，放在烧热的铁板山即可。

操作关键：

1. 猪腰初步处理时，腰骚要清理干净，减少异味。

2. 猪腰剞刀要刀距均匀，深浅一致，改刀规格相等。

3. 烹调油温掌握要恰当，操作要迅速，防止猪腰、墨鱼变得老、韧。

菜品特点：

造型美观，色彩鲜艳，香辣爽口。

任务评价与反馈

如意上上签实训操作评价标准（附评分表）：

1. 过程评价

序号	评价内容	评价标准	分值	得分
1	准备工作	原料、工具、餐具等准备得当	10	
2	初加工过程	加工过程合理，姿势、动作到位	20	
3	切配过程	符合切配要求，姿势、动作到位	20	
4	烹调过程	正确掌握火候，姿势、动作到位	20	
5	装盘与装饰	装盘、装饰美观	10	
6	个人卫生	工作衣帽整齐、干净、清洁，符合卫生标准要求	10	
7	环境卫生	整个过程及时打扫环境卫生，环境优良	10	

2. 成品评价

序号	评价内容	评价标准	分值	得分
1	初加工标准	猪腰腰骚去除干净	15	
2	切配标准	猪腰剞花刀大小均匀，墨鱼片、彩椒片规格一致	15	
3	烹调标准	火候恰当，猪腰、墨鱼口感脆嫩	15	
4	口味标准	口味香辣可口	15	
5	色泽标准	色泽红亮、油亮	15	
6	营养标准	营养搭配合理、丰富	10	
7	卫生标准	原料洗涤干净，餐具用具洗涤干净，加工、烹调过程符合卫生要求	15	

扩展提升

在以上菜品设计的基础上，还可以创作出香辣串串、火焰虾串等菜肴。菜品盘式设计要根据食材的性质、特点进行创作，因为各种食材的性质各不相同有老、韧、脆、软、嫩。只有结合原料的特性，才能创造出好的菜品，才能适应消费者需求。

巩固与提高

1. 通过以上两个菜例学习，你能做出什么菜肴？
2. 在选用制作如意上上签原料时，如果猪腰不新鲜，菜肴成品会出现什么问题？
3. 试一试，如果老师给你两个猪腰和其他配料，你能不能做出其他菜肴来？

项 目 9
菜品搭配设计

项目导学

随着科技的发展，人们的生活水平日益提高，众多新品种食材逐渐进入我们的视野。由于新型食材的进入，很多传统菜肴经过新食材的加入而产生相应的变化，创新菜、创意菜如雨后春笋般出现在餐桌上，有些被消费者广泛接受，而有些则只是昙花一现。要使一道菜能被广泛接受，除了拥有让人满足的口味外，其中食材的合理搭配也是十分重要的前提和基础。下面，我们结合实际，学习菜品搭配设计的相关知识。

学习目标

✧学习完本项目内容后，同学们能了解菜品搭配设计的方法和技巧，整个制作从原料的选择，料型的选择，以及颜色口感等方面进行分析预判。通过思考、搭配、实际操作组配，最终将成品设计出来。

认知目标

✧通过学生的具体分析与操作，让学生学会具体原料搭配选择的几个原则。

技能目标

✧掌握设计过程中的具体步骤。
✧正确理解这一过程中的不同要素。
✧能够熟练掌握具体的设计方法。

情感目标

✧让学生理解，做出一道让人喜爱的菜不容易，让学生体会先人们为中国烹饪付出的努力和汗水。
✧培养学生自助分析与学习的基本技能。
✧理解现代烹饪的竞争之激烈，如不紧跟时代脉搏，积极学习新事物，了解新知识，将与时代脱节。

任务1　食材搭配设计思路

任务情境

小王是烹饪专业的学生，某天上课，李老师给他们示范青椒鱼丝菜品。课后，小王便询问李老师："为什么要用青椒来搭配，而不用绿豆芽来代替配料？"

任务要求

通过学习我们将：

1. 明确食材搭配设计的定义。
2. 能够按照菜肴的特点选择主料、辅料，并合理搭配选用。
3. 能够在色彩的和谐度上进行全面设计和推断。
4. 能够在菜肴的质感和口味上进行全面设计。
5. 能够以点带面对多个菜甚至全席菜进行整体设计。

任务书

周全按照"荷塘月色"的构思设计、制作一款创新菜。如果你是周全，该如何进行？

1. 预读本章相关内容，查找资料。
2. 学生分组，利用所学的知识和掌握的设计方法，选出一种菜品进行食材搭配的改良设计。
3. 根据所选原料，确定自己要做的品种。
4. 写出计划书。

任务资料

1. 相关知识和参考资料。
2. 多媒体。

知识准备

9.1.1　食材搭配设计意义

食材，即烹饪原料，有动物性原料，也有植物性原料。这些动、植物原料是制作烹饪各式菜品的保障。食材的合理搭配有利于人们的身心健康，木耳与莴笋搭配对心脑血管疾病有防治作用，鸡蛋与韭菜搭配能补肾、行气，猪肉与白萝卜搭配可健脾、健胃。食材的不合理搭配，对人们的健康不利，菠菜与豆腐搭配易引起结石，螃蟹与梨搭配伤人肠胃。因此，食材搭配设计要符合食用要求，要有利于人们的健康。

食材搭配：根据菜肴品种和食材的质量要求，把经过刀工处理后的主料和辅料适当搭配，使之成为一个或一桌完整的食材配型。食材的搭配恰当与否，直接关系到菜的色、香、味、形，也决定着整桌菜肴的协调性。

1）量的搭配

（1）突出主料式搭配

配制多种主辅原料的菜肴时，应使主料在数量上占主体地位。

例如，蒜苗炒肉丝、青椒炒肉丝等，应时当令的菜肴，主要是吃蒜苗和青椒的鲜味。因此，配制时就应使蒜苗和青椒占主导地位。如果时令已过，则此菜就应以肉丝为主。

（2）平起平坐式搭配

配制无主、辅原料之分的菜肴时，各种原料在分量上应基本相当，互相衬托。如烩三鲜、汤爆双脆、扣三丝等，即属此类。

2）质的搭配

（1）同质地食材搭配

即菜肴的主辅料应嫩嫩搭配，如三色鱼线；韧韧搭配，如猪肉炖粉条；脆脆搭配，如青椒土豆丝；糯糯搭配，如粉蒸肉；软软搭配，如炒双菇等。质地相同的原料搭配，能使菜肴生熟一致，口感协调。

（2）荤素搭配

动物性原料配以植物性原料，如芹菜肉丝、豆腐烧鱼、滑熘里脊，配以适当的冬瓜片和玉兰片等。这种荤素搭配是中国菜的传统做法，无论从营养学还是食品学看，都有其科学道理。

（3）贵多贱少

是对高档菜而言的，用贵物宜多，用贱物宜少，如白扒猴头蘑、三丝鱼翅等，可保持菜肴的高档性。

3）味型的搭配

（1）浓淡相配

以配料味之清淡衬托主料味之浓厚，如三圆扒鸭（三圆即胡萝卜、青笋、土豆）等。

（2）淡淡相配

此类菜以清淡取胜，如烧双冬（冬菇、冬笋）、鲜蘑烧豆腐等。异香相配主料、辅料各具不同的特殊香味，使鱼、肉的醇香与某些蔬菜的异样清香融合，便觉别有风味，如芹黄炒鱼丝、芫爆里脊、青蒜炒肉片等。

一味独用：有些烹饪原料不宜多用杂料，味太浓重者，只宜独用，不可搭配，如鳗鱼、刀鱼、鲥鱼等。此外，如北京烤鸭、广州烤乳猪等，都是一味独用的菜例。

4）色的搭配

（1）顺色菜

组成菜肴的主料与辅料色泽基本一致，其多为白色，所用调料也是盐、味精和浅色的料酒、白酱油等。这类保持原料本色的菜肴，色泽嫩白，给人以清爽之感，食之亦利口，鱼翅、鱼骨、鱼肚等都适宜配顺色菜。

（2）异色菜

这种将不同颜色的主辅料搭配一起的菜肴极为普遍。为了突出主料，使菜品色泽层次分明，应使主料与配料的颜色差异明显些，如以绿的青笋、黑的木耳配红的肉片炒，用碧色豌豆与玉色虾仁同烹等，色泽效果令人赏心悦目。

5）形的搭配

这里的“形”是指经刀工处理后的菜肴的形状，其搭配方法有两种。同形配主辅料的形态、大小等规格保持一致，如炒三丁、土豆烧牛肉、黄瓜炒肉片等，分别是丁配丁、块配块、片配片。这样可以使菜肴产生一种整齐的美感。

异形配主、辅原料的形状不同，大小不一，如荔枝鱿鱼卷。主料鱿鱼呈筒状蓑衣形，配料荔枝则为圆或半圆形。这类菜在形态上别具一种参差错落美。

9.1.2 食材搭配设计思路

①熟练掌握目前市场上的常用食材，并对新进食材也能及时了解。由于现代社会的高度文明，很多资源都可以共享，只要能支付一定的代价，目前世界上绝大多数原料都可以采购得到。因此，现代厨师对于原料的认知显得越发重要了。这就必须让我们在日常生活中注意积累知识，尤其是一些新进食材，有些可能是第一次看见，必须打破砂锅问到底，不可用一知半解或无所谓的态度来对待。只有对食材的基本性质和加工技巧有所了解，才能更深入地进行烹饪操作，否则可能暴殄天物甚至带来不可避免的影响。

②食材搭配要符合人们的需要，不可随意处理。菜肴本身是几种食材的相互融合，而这种融合并不是随心所欲的，很多厨师可能会在某些特定的条件下随心所欲地进行食材的搭配，如果这种搭配合理有效，那大多数人能接受，如果这种搭配太过特殊（如只有厨师家乡的地方能接受，或严重带有特殊食用人群限制等），那么其使用价值或者说菜肴的畅销程度会大打折扣，那么这种菜肴搭配是十分不合理的。因此，菜肴的搭配也要因地制宜。当然，有些地方风味正在逐渐被外来厨师的菜肴所改变，但是这种改变并不是一朝一夕的。

③食材搭配的展望。新原料源源不断地进入我们的视野，有些新进原料来自国外，我国以前未使用过。这就要自行使用多次后，有了具体的经验和认知后，才可以熟练地运用到具体的制作中。

任务实施

1. 教师解读任务书，布置任务。
2. 学生阅读任务书及任务资料，对不清楚的部分提问。
3. 分组讨论，合作完成任务，写出计划书。
4. 教师讲解、演示。

扩展提升

1. 食材搭配设计的意义

食材的搭配包括色泽、质感、味型、香气、分量等因素的搭配，这些因素看似明确，但实际操作起来要考虑全面且准确拿捏确属不易。需通过长时间的摸索，配合自身的悟性加上知识的积累，并配合当下的时尚因素才会有合理的食材搭配效果。

2. 灯光与盛器

灯光与盛器其实与食材的搭配有很多联系，真正的成菜必须考虑这两个因素，有时甚至还要加上氛围。当然，这可能超出菜肴设计者本身的能力。成功的设计者可以根据具体情况进行分析做出合理的设计。当然，这里还涉及一些心理学和艺术感的认知。

巩固与提高

通过上述内容的学习，相信同学们对食材搭配设计制作有了一定了解。尝试一下对以下几个问题的思考：

1. 你喜欢什么颜色？是否你喜欢的别人也一定喜欢？
2. 老人、青年和小朋友对菜肴的质感是否一致？
3. 夏天和冬天饮食上最大的不同是什么？

任务 2　菜品配伍设计范例

任务情境

有一天晚上，烹饪专业的周全去散步，走过荷塘看到皎洁的月光映衬着朵朵荷花，想起“荷塘月色”，就把这些美景一一记在脑海里，想着把这些美景搬进餐盘。回来后，经过思考，他把想法和厨师长商量了一下，合作做出了色香味形俱佳的菜肴。

任务要求

学习后我们将可以：

1. 学会新的成菜理念。
2. 明确融入式装饰设计的概念。
3. 明确融入式装饰的优势和特点。

任务书

1. 学习本次内容，查找资料。
2. 根据教师示范品种，举一反三发掘相关菜品。

3. 理论结合实际，写出实训报告和整理相关文字材料。

任务资料

1. 相关知识和参考资料。
2. 实训设备：蒸灶、手勺、刀具、菜墩、餐具等。

知识准备

9.2.1 风生水起

1）概述

风生水起是选用三文鱼腩、海参与各类生食蔬菜搭配并用伴芥末酱油汁来佐食的新式开胃菜肴。此菜品色泽搭配艳丽，营养搭配合理，口感层次丰富，是上好的开胃佐酒菜肴。

2）原料的选用

（1）三文鱼

要选用新鲜三文鱼腩，因为三文鱼生食营养最高所以原料选择务必新鲜，三文鱼腩脂肪丰富，且口感十分细腻，非常适合做寿司和沙拉。

（2）海参

营养价值极高，适合大部分人群，一年四季皆可食用，本菜肴选用水发海参，因为是生食，所以需要用沸水汆烫一下，但时间不宜过长，否则海参太过软糯，会失去口感。

任务实施

1. 教师解读任务书，布置任务。
2. 学生阅读任务书及任务资料，对不清楚的部分提问。
3. 分组讨论，合作完成任务，写出计划书。
4. 教师讲解范例和演示范例。

菜品盘式设计范例示范（2课时）

风生水起

原料：

主料：三文鱼腩200克，水发海参200克。

配料：苦菊生菜100克，紫甘蓝100克，张红萝卜100克。

调料：海鲜酱油15克，沙拉油100克，白醋50克，马乃司少司50克，芥末酱20克，精盐10克，白糖25克，胡椒粉少许，牛肉清汤适量。

工艺流程：

清洗原料→改刀→调制酱汁→点缀→装盘→成品

初加工：

1. 三文鱼用纯净水洗净，改刀成4厘米的条待用。
2. 水发海参用纯净水洗净，改刀成片待用。
3. 蔬菜配菜均消毒洗净待用。

切配：

紫甘蓝、张红萝卜切细丝，苦菊生菜撕成小片待用。

调汁：

将马乃司少司、海鲜酱油、芥末酱、精盐、白糖、白醋、胡椒粉放在陶瓷器皿内调匀，然后逐渐加入沙拉油及牛肉清汤，搅拌均匀即成。

装盘：

将三文鱼腩堆放在原版中间，其他原料依次相对而放。上桌时附上装有拌芥末酱汁的精致器皿即可。

操作关键：

1. 原料加工切勿触碰到生水或者不洁之物。
2. 调酱汁时，应缓缓调制均匀，防止调料沉底留渣。
3. 刀工处理时注意标准，大小均匀，粗细一致。
4. 装饰、点缀要自然、美观大方。
5. 装盘过程中注意盘面卫生。

菜品特点：

色彩绚丽，口感丰富，助酒开胃。

任务评价与反馈

风生水起实训操作评价标准（附评分表）：

1. 过程评价

序号	评价内容	评价标准	分值	得分
1	准备工作	原料、工具、餐具等准备得当	10	
2	初加工过程	加工过程合理，姿势、动作到位	20	
3	切配过程	符合切配要求，姿势、动作到位	20	
4	烹调过程	正确掌握火候，姿势、动作到位	20	
5	装盘与装饰	装盘、装饰美观	10	
6	个人卫生	工作衣帽整齐、干净、清洁，符合卫生标准要求	10	
7	环境卫生	整个过程及时打扫环境卫生，环境优良	10	

2. 成品评价

序号	评价内容	评价标准	分值	得分
1	初加工标准	原料加工安全卫生	30	
2	切配标准	刀工精细，符合要求	15	
3	口味标准	口味酸甜适口	15	
4	色泽标准	色泽红亮、油亮	15	
5	营养标准	营养搭配合理、丰富	10	
6	卫生标准	原料洗涤干净，餐具用具洗涤干净，加工、烹调过程符合卫生要求	15	

扩展提升

西方食物的开胃小菜通常为蔬菜，如生菜，而东方则种类较为繁杂，常见的有腌制蔬菜，如酸菜、泡菜，小吃如花生、鱼干等。

开胃菜：它包括各种小份额的冷热开胃菜和开胃汤。它是西餐中的第一道菜肴或主菜前的开胃食品，其特点是：菜肴数量少，味道清新，色泽鲜艳，常带有酸味和咸味，适合各种人群食用，具有开胃作用。

巩固与提高

1. 通过以上菜例学习，对开胃菜有什么理解？
2. 在选用制作三文鱼作为开胃菜原料时，怎样选择使用部位？
3. 试一试，三文鱼与其他原料搭配制作沙拉或者开胃菜。

9.2.2 荷塘月色

1）概述

荷塘月色是选用椰奶、海蜇头、羊肉、金丝绞瓜、胡萝卜，运用凉拌、制冻等冷菜制作技法分别制作出醋椒海蜇、羊肉冻、凉拌双丝、椰奶冻，再以国画写意风格的装盘形式制作出以荷塘月色为主题的工艺冷菜。此菜品口味组合丰富，口感层次清晰，造型写意优雅，适用于高端宴席或主题宴会。

2）原料的选用

（1）海蜇头

要选用新鲜品质好的海蜇头，其边缘无杂质，肉质坚实而具有韧性，口感脆嫩，非常适合凉拌。

（2）羊肉

选用新鲜羊肉，最好带皮。因为新鲜带皮羊肉含有丰富的蛋白质、脂肪，特别是胶原蛋白。制作出的肉冻，口感弹性强，胶质丰富。

（3）金丝绞瓜

因其瓜天然成丝似鱼翅，故又名金鱼翅瓜，被誉为植物“海蜇”。天然粉丝，是蔬菜中的稀有品种。此瓜味道清香，略甜，可炒食、凉拌、油炸或煲汤，烹调成各种风味的菜肴。本菜中金丝绞瓜与胡萝卜丝组合成凉拌双丝。

任务实施

1. 教师解读任务书，布置任务。

2. 学生阅读任务书及任务资料，对不清楚的部分提问。

3. 分组讨论，合作完成任务，写出计划书。

4. 教师讲解范例和演示范例。

菜品盘式设计范例示范（2 课时）

荷塘月色

醋椒海蜇

原料：

主料：海蜇头 250 克。

配料：羊角椒 150 克。

调料：蒸鱼豉油 150 克，美极鲜酱油 50 克，陈醋 150 克，绵白糖 500 克，葱 15 克，姜 10 克，野山椒 15 只，芥末酱 10 克，麻油 3 克，色拉油 10 克。

工艺流程：

海蜇头洗净→改刀→制作醋椒汁→拌制→等待装盘

初加工：

1. 海蜇头洗净，去老头、泥沙和不可食用部分。

2. 葱去皮洗净，姜去皮洗净切末，羊角椒洗净待用。

切配：

将海蜇头改刀成片，用清水泡去盐味后沥干水分。将羊角椒切成 0.3 厘米的圈，野山椒切碎待用。

调汁、拌制：

1. 炒锅置火上，加入色拉油，待油温 3 成热时，放入葱姜末、羊角椒圈、野山椒碎煸炒起香，加入除麻油外的上述调味料，烧沸后冷却待用。

2. 将适量醋椒汁加入海蜇片中，炒拌均匀后淋入麻油等待装盘。

羊肉冻

原料：

主料：带皮羊肉 1 000 克。

配料：白萝卜 200 克。

调料：精盐 5 克，鸡精 3 克，姜 20 克，京葱 30 克，八角 10 克，桂皮 10 克，白糖 20 克，草果 1 颗，蒜头 15 克，美极鲜酱油 5 克，黄酒 5 克，老抽 5 克，干辣椒 1 个。

工艺流程：

羊肉洗净→切配→卤煮→装入模具→冷却

初加工：

1. 羊肉洗净，切成 5 厘米左右的块，白萝卜洗净去皮。

2. 葱、姜、蒜、八角、桂皮、草果、干辣椒洗净后，刀工处理待用。

切配：

1. 将萝卜洗净、去皮，萝卜 1/4 切开四瓣。

2. 生姜去皮，剁碎，葱切小段，大蒜切碎。

烹调：

1. 炒锅置火上，加入色拉油，待油温 3 成热时，爆香生姜末和蒜末，放入羊肉块、萝卜，京葱加清水，清水以过羊肉和萝卜为准，大火煮开后，将羊肉块取出。

2. 将羊肉块放入电压力锅中，放入煮过的羊肉清汤、八角、桂皮、干辣椒、草果，加盖压制 35 分钟。

3. 高压锅压好后，取骨，过滤出香料后将羊肉放入锅中，加入羊肉汤汁、黄酒，老抽上色后投入生抽，调味提鲜，放适量的盐，煮开后倒入长方体模具，放入冰箱冷藏凝固成羊肉冻块后待用。

椰奶冻

原料：

主料：椰浆 100 克，牛奶 135 克，淡奶油 90 克。

配料：琼脂 3 片，黄瓜 3 根。

调料：绵白糖 40 克，猕猴桃果酱 30 克、樱桃酱 10 克，浓缩橙汁 20 克。

工艺流程：

琼脂泡发→混合加热→装入模具→密封冷却

初加工：

把琼脂片放入纯净水里，浸泡 15 分钟左右至软后捞出，挤净水分备用。

烹调：

1. 将牛奶装进较大的容器里，加入淡奶油、椰浆、绵白糖拌匀入锅，隔水加热至糖化。混合椰奶液的温度约为 50 ℃。

2. 放入泡好的吉利丁片，搅拌至融化关火。

3. 在密封盒里铺上一层保鲜膜，待椰奶液降至常温后倒入，放入冰箱冷藏至凝固。

4. 水果黄瓜取青皮处雕刻成荷叶、莲蓬、荷花托状待用。

凉拌双丝

原料：

主料：金丝绞瓜 1 个，胡萝卜 250 克。

调料：盐 6 克，糖 50 克，葱油 5 克，鸡精 3 克，苹果醋 1 汤匙，鲜辣粉 2 克，葱 15 克，蜂蜜 50 克，干桂花 3 克，话梅 4 个。

工艺流程：

主料清洗→刀工切配→烹调→拌制

初加工：

1. 将金瓜洗净后，切成两半，剜去种子及瓜瓤，用筷子或不要太锋利的小刀扒搅出瓜丝，胡萝卜也切成细丝洗净，待用。

2. 葱姜洗净，切末待用。

烹调：

1. 金瓜丝加盐 6 克，揉搓后用纯净水洗去黏液沥干水分，胡萝卜丝焯水后加入 30 克蜂蜜、话梅密封后上笼蒸制 10 分钟，去除沥干水分晾凉待用。

2. 金瓜丝加入醋、糖、鸡精、鲜辣粉等调料，放上葱、姜，淋上烧热的葱油，拌匀。

3. 胡萝卜丝加入蜂蜜 20 克，撒上干桂花拌匀。

4. 将双丝填入模具冷藏待用。

荷塘月色组合步骤：

1. 将椰奶冻脱离模具，做成仿真荷花瓣片，将樱桃酱料刷在花瓣尖模仿荷花颜色。

2. 在荷花托中利用浓缩橙汁作为黏合剂，把荷花瓣依次摆放制成盛开荷花与花苞，并配上荷叶。

3. 将凉拌双丝从模具中拿出，羊肉冻改刀成 2 厘米的粒摆成立方体。

4. 用羊角椒圈围边，中间堆叠海蜇完成醋椒海蜇的摆放。

5. 将猕猴桃果酱装入裱花袋中，开直径 0.2 厘米的小口，用写意的风格裱出荷花茎，整理盘面即可。

操作关键：

1. 注意四道凉菜制作过程中的要点。

2. 操作过程中注意食品卫生。

3. 制作荷花时刀工要精细，羊肉冻丁切制时大小应一致。

4. 装饰、点缀要自然、美观、大方。

菜品特点：

色彩搭配丰富，荷花造型逼真，装盘写意清爽，菜品口味丰富。

任务评价与反馈

荷塘月色实训操作评价标准（附评分表）：

1. 过程评价

序号	评价内容	评价标准	分值	得分
1	准备工作	原料、工具、餐具等准备得当	10	
2	初加工过程	加工过程合理，姿势、动作到位	20	
3	切配过程	符合切配要求，姿势、动作到位	20	
4	烹调过程	正确掌握火候，姿势、动作到位	20	
5	装盘与装饰	装盘、装饰美观	10	
6	个人卫生	工作衣帽整齐、干净、清洁，符合卫生标准要求	10	
7	环境卫生	整个过程及时打扫环境卫生，环境优良	10	

2. 成品评价

序号	评价内容	评价标准	分值	得分
1	初加工标准	原料处理得当，卫生安全	15	
2	切配标准	刀工精湛符合要求	15	
3	烹调标准	火候恰当，外酥内嫩，汁芡适中	15	
4	口味标准	酸甜、酸辣、咸鲜	15	
5	色泽标准	色彩搭配合理，清爽利落	15	
6	营养标准	营养搭配合理、丰富	10	
7	卫生标准	原料洗涤干净，餐具用具洗涤干净，加工、烹调过程符合卫生要求	15	

扩展提升

工艺冷菜的盘式设计要根据食材的性质、特点进行创作，拼装过程需要人为地美化，达到所需要的形状，符合宴会的主题。冷菜拼摆既是技术又是艺术，懂得烹饪美学知识和各种刀工技巧，并且技法娴熟。对各种宴会冷菜要有一定的设计能力，所以工艺冷菜制作是细致的工作，是一门综合性技术，要加强基本功和艺术修养的训练。

巩固与提高

1. 通过这次菜例学习，你能做出一样的效果吗?
2. 能否换几组冷菜菜品来组合制作次主题工艺冷菜?
3. 试试以春为主题设计一套工艺冷菜组配方案。

项目10 菜品营养设计

项目导学

对于很多现代人来说，营养意识越来越强，但营养学作为一门永无止境的学科在不断地发展着，这就让普通民众很难把握它的脉搏。那么，这一任务自然就要落到每一位为民众制作精美菜肴的大师身上了。所以，作为一名现代社会的合格专业厨师，必须要对菜品的营养设计有一定的能力，尤其是对于老人、婴幼儿、病人、孕妇、产妇等有特殊需求的人，能按需定制他们所需要的。当然，有时我们会同时受到中西文化的矛盾冲击，如药膳食疗与西医营养学可能在某些方面存在分歧，那么，我们要学会抓大放小，结合菜肴特点来合理化解,并结合自身经验来分析,最终设计出有利于消费者健康的菜品。只要尽自己百分之百的努力，相信你一定能够烹制出健康美味的食品。

学习目标

- 学习完本项目内容后，同学们能对菜品营养设计的方法有一定的认识和了解，菜品营养的设计内容丰富，知识面广，要求每位同学都要有一定的营养学基础。

认知目标

- 通过学习，学生能掌握菜品营养设计在菜肴制作、养生、健体等方面的知识，理解并能分析菜品营养设计对菜肴制作意义起到一定的作用，了解其在烹饪运用中的重要性。

技能目标

- 根据所学知识，对照不同的人群，配制合理的营养元素与食材。
- 能够配以合理的烹调方法来加工食材，物尽其用，减少浪费。
- 合理利用当季食材和廉价食材来烹制营养菜肴。

情感目标

- 让同学们了解营养学对于现代烹饪从业者的重要性，同时也让学生明白自己肩上赋予的使命，有可能关系到我国国民身体素质的未来。
- 理解学习的重要性，应始终保持一种学习状态，学习最新的知识，否则，不可能成为一名优秀的厨师。

任务 1　菜品营养设计思路

任务情境

张成看到了烹饪杂志上的调查数据，数据显示，现在人们餐饮消费的重点已经从吃饱到吃好转变，菜肴的营养成了人们的普遍需求。这篇报道给张成的触动很大，他深深知道制作出营养、卫生、健康、美味的菜肴是对现代厨师最重要的要求。

任务要求

通过学习我们将：

1. 明确菜品营养设计的定义。
2. 能按不同人群的需求对菜品营养进行设计。
3, 能按营养素的摄入量结合实际操作的损失和需要来进行菜肴营养设计。
4. 能使用各种时令食材进行菜肴营养设计。

任务书

今天饭店里来了一群参加全国歌唱比赛的小朋友，他们的年龄在 5~11 岁。厨师长给小亮下了任务单，让他根据小朋友们的喜好和特点，安排一下明天早上自助早餐的菜谱，小亮欣然地接受了任务。如果你是他，应该先做什么呢?

1. 预读本章相关内容，查找资料。
2. 学生分组，利用所学的知识和掌握的设计方法，选出一组自助餐菜谱。
3. 根据所选原料，确定自己要做的品种。
4. 写出计划书。

任务资料

1. 相关知识和参考资料。
2. 多媒体。

知识准备

10.1.1　菜品营养设计意义

随着当今社会的迅速发展，现代生活方式的改变以及人们物质、文化生活水平的提高，对饮食的卫生和营养需求也更加规范，对菜品的营养均衡更加合理。因此，人们在日常饮食结构中，对菜品营养设计方面越来越重视，对三餐的营养素搭配更趋于平衡，把营养膳食和食疗保健放在了日常生活中，把菜品营养设计的基本知识与当前健康理念有机地结合起来。根据营养学原理和健康知识，更加科学地规划菜品营养设计，达到增进健康和预防疾病的目的。

10.1.2 菜品营养设计思路

1）合理安排一日三餐

根据食物的消化与吸收过程，合理分配三餐摄入，每天进餐的次数与间隔时间应根据消化系统的功能和食物从胃内排空的时间来确定，即应定时定量，不宜饥一顿饱一顿。

定时：早餐6：30—8：30，午餐11：30—13：30，晚餐18：30—20：30。

定量：早餐占总能量的25%~30%，午餐占总能量的30%~40%，晚餐占总能量的30%~40%。

早餐距离前一晚餐的时间较长，一般在12小时左右，此时体内贮存的糖原可能消耗殆尽，应及时补充，以免出现血糖浓度过低，使大脑的兴奋性降低，从而使反应迟钝，注意力难以集中，影响工作或学习效率。所以，早餐要吃饱，营养要充足。

晚餐要适量。晚上活动量相对较小，能量消耗低，如果摄入食物过多，多余的能量就会转化成脂肪储存在体内，这会使体重逐渐增加，从而导致肥胖。此外，晚餐吃得过多会加重消化系统的负担，使大脑保持活跃，导致失眠或多梦。

零食是指非正餐时间所吃的各种食物。合理有度的零食既是一种生活享受，又可以提供一定量的能量和营养素，有时还可起到缓解紧张情绪的作用。但是，零食所提供的能量也应该计算在全天所需的总能量之中，而且零食所提供的营养素不如正餐全面均衡，所以吃零食不宜过多，而应合理选择零食种类，更不能因零食过多而影响正餐食欲。

2) 合理营养与平衡膳食的必要性

一般情况下，人们日常的饮食结构主要受以下因素的影响：当地的物产条件、个人的经济条件、个人的饮食习惯和口味喜好。但是，对于组成人体的大约7万亿个细胞来说，食物的种类和滋味它们并不知道，它们只希望血液能够源源不断地输送来充足的自身生命活动所需要的物质，只有这样，才能维持生命的存在与健康。所以，人类的膳食结构应该以满足细胞的基本需要为第一原则。能够满足机体需要的膳食结构就是合理的，否则就是不合理的，就可能引起健康问题。那么，怎样做才能达到合理营养的目的呢？膳食中要多种食物搭配混合食用，要使营养合理均衡达到平衡膳食，合理的食品烹调加工，才能达到合理营养。

3) 使用合理的烹调方法对原料进行烹调

食物原料从采摘 / 宰杀到食用，中间经过运输、贮藏、加工、烹调等诸多环节，营养素的损失不可避免。我们应该做的是让这种损失降到最低程度。尽管多种食物合理搭配可以保证提供全面的、充足的营养素，而烹调加工方法也是平衡膳食从而达到合理营养的重要环节。如果不注意烹调加工过程中的营养素保护方法，使营养素流失、破坏，或使食物的消化率降低，都会影响食物的营养价值。

烹调对营养素的影响：

①以水为传热介质：煮、蒸、烫、泡、涮……

②以油为传热介质：煎、炸……

③以辐射传热：烘、烤、熏……

4）不同人群对膳食营养素的具体要求

人的年龄不同、性别不同、体况不同，新陈代谢就有不同的特点，对营养素的种类和量的需求就有区别。根据具体情况提供相应的膳食，以保证营养素的供给。满足机体的需要是摄食的第一原则。针对不同体况实施合理的膳食结构、合理的烹调加工方法，以提供合理的膳食，有利于疾病的康复，反之，则可能加重病情。

任务实施

1. 教师解读任务书，布置任务。
2. 学生阅读任务书及任务资料，对不清楚的部分提问。
3. 分组讨论，合作完成任务，写出计划书。
4. 教师讲解、分析。

扩展提升

1. 菜品营养设计的意义

应根据菜品的适用人群，按照科学的营养需求量，结合需要使用的烹调方法，计算出所需原料的具体用量，并结合其他色香味形等要求制作出合理的菜肴。

2. 完成菜品营养设计相当不易

菜品营养设计看似简单，实则牵一发而动全身。如果没有扎实的理论基础和丰富的操作经验，很难将这一设计顺利完成。因此，要求设计操作人员既有丰富的科学文化知识，又要掌握一定的操作技能水平。

巩固与提高

通过以上学习，同学们对学习菜品营养设计制作有了一定认识和了解。请大家就以下几个问题进行思考：

1. 烹调过程中，哪些因素会影响营养素的变化？应如何把营养素损失控制在合理的范围？
2. 不同人坐在同一桌上，应如何制定营养设计方案？
3. 如果是你，你认为营养与美味能够调和吗？

任务2　菜品营养设计范例

任务情境

王杰是烹饪专业的学生，在酒店实习时经常看到厨师用人参、虫草花等原料制作菜肴，但大多以炖汤为主。很多客人喝完汤以后，这些原料都会剩下。于是，王杰开动脑筋，要设计一款既赏心悦目，又能让客人吃下这些原料的菜。经过多次试制，制作成了一道营养又美味的菜，推向市场后，受到消费者一致好评。

让我们一起来看看，他究竟是怎么做的?

任务要求

通过学习我们将：

1. 理解营养配餐的概念。
2. 根据食用对象的具体情况进行菜品的改良。
3. 合理利用当季食材进行合理搭配。

任务书

1. 学习本次内容，查找资料。
2. 根据教师示范品种，列举相关菜品设计。
3. 加强动手能力，写出实训报告。

任务资料

1. 相关知识和参考资料。
2. 实训设备：炉灶、炒锅、蒸锅、手勺、油盆、刀具、菜墩、餐具等。
3. 实训原料：不同品种，实训原料不同，详见实训食谱。

知识准备

10.2.1 人参凤脯

1）概述

人参凤脯是选用鸡脯经过刀工处理后包入鲜人参，再经拍粉、油炸、淋汁、装盘、点缀而制成的一款菜品。此菜品色泽金黄，形态逼真，外酥里嫩，口味酸甜，带有柠檬香味。

2）原料的选用

（1）鸡脯

要选用新鲜肉鸡鸡脯，因其质地细嫩，便于刀工成形，营养易于人体消化吸收。

（2）鲜人参

鲜人参是将刚从土里挖出来的人参经过简单清洗直接装袋，加入少量纯粮白酒（保鲜用的），真空包装而成，它保证了人参的营养和人参的功效，并且能让人参保持新鲜的形状。具有预防感冒、抗衰老等功效。

任务实施

1. 教师解读任务书，布置任务。
2. 学生阅读任务书及任务资料，对不清楚的部分提问。
3. 分组讨论，合作完成任务，写出计划书。
4. 教师讲解范例和演示范例。

菜品盘式设计范例示范（2 课时）

人参凤脯

原料：

主料：鸡脯 300 克。

配料：鲜人参 50 克。

调料：精盐 0.5 克，柠檬汁 80 克，杏汁 50 克，绵白糖 150 克，葱 10 克，姜 10 克，黄酒 15 克。

辅助料：吉士粉 200 克，水淀粉 50 克。

工艺流程：

鸡脯批片→剞刀→腌制→卷制→拍粉→油炸→炒汁→浇汁→装饰→成品

初加工：

1. 鸡脯洗净，去除表面筋膜、油脂。
2. 葱去皮洗净，姜去皮洗净，待用。

切配：

将鸡脯用平刀法批成大片，在整片鸡脯的下半部分剞上蓑衣花刀，上半部分保持连接不断，放入碗中，倒入精盐 0.5 克，葱 10 克，姜 10 克，黄酒 15 克，腌制 10 分钟，在鸡片中间放入蒸熟的人参丝，卷成人参状，拍上吉士粉，插入牙签定型，待用。

烹调：

1. 炒锅置火上，加入色拉油，待油温5成热时，放入拍过粉的凤脯生坯，炸至色泽金黄、外酥内嫩捞出摆在盘中，拔去定型用的牙签。另用一炒锅加入柠檬汁80克，绵白糖150克，杏汁50克，吉士粉20克，熬成汁后用水淀粉勾芡，再加入色拉油于浓汁中，浇在炸好的人参凤脯上。

2. 装盘、点缀即可。

操作关键：

1. 鸡脯批片要厚薄均匀，剞刀切丝要粗细一致，鸡片上部不可断裂。
2. 鸡片卷制时一定要卷紧，用牙签固定，避免油炸后变形。
3. 炸制时，油温要控制在5~6成热，投料炸至定型。
4. 熬汁时，火力不要过大，汁芡呈糊芡，要适中。
5. 装饰、点缀要自然、美观、大方。

菜品特点：

色泽金黄，形态逼真，外酥里嫩，口味酸甜，带有柠檬香味。

任务评价与反馈

人参凤脯实训操作评价标准（附评分表）：

1. 过程评价

序号	评价内容	评价标准	分值	得分
1	准备工作	原料、工具、餐具等准备得当	10	
2	初加工过程	加工过程合理，姿势、动作到位	20	
3	切配过程	符合切配要求，姿势、动作到位	20	
4	烹调过程	正确掌握火候，姿势、动作到位	20	
5	装盘与装饰	装盘、装饰美观	10	
6	个人卫生	工作衣帽整齐、干净、清洁，符合卫生标准要求	10	
7	环境卫生	整个过程及时打扫环境卫生，环境优良	10	

2. 成品评价

序号	评价内容	评价标准	分值	得分
1	初加工标准	鸡脯清洗，去筋膜、油脂	15	
2	切配标准	鸡脯平批成大片，再剞花刀粗细均匀	15	
3	烹调标准	火候恰当，外酥内嫩，汁芡适中	15	
4	口味标准	口味酸甜适口	15	
5	色泽标准	色泽金黄、油亮	15	
6	营养标准	营养搭配合理、丰富	10	
7	卫生标准	原料洗涤干净，餐具用具洗涤干净，加工、烹调过程符合卫生要求	15	

扩展提升

在以上菜品设计的基础上，还可以创作出炮仗鳜鱼等菜肴。菜品盘式设计要根据食材的性质、营养特点进行创作。因为各种食材的营养各不相同，只有充分了解各种食物的营养价值和配伍原则，才能创造出好的菜品，适应消费者需求。

巩固与提高

1. 通过以上菜例学习，你能做出什么菜肴?
2. 在选用制作人参凤脯原料时，如果选择的是鸡腿肉，烹调时会出现什么问题?
3. 试一试，如果老师给你一只肉鸡和其他配料，你能不能做出其他菜肴来?

10.2.2 上汤菊花豆腐

1）概述

上汤菊花豆腐是选用玉子豆腐经过刀工、刀法，浸烫，浸汤，加入调味料蒸炖，装盘、点缀、装饰制成的一款菜品。此菜品刀法细腻，形似盛开的菊花，形象生动，汤清醇厚，色、香、味、形养俱全。

2）原料的选用

（1）玉子豆腐

虽质感似豆腐，却不含任何豆类成分。它以鸡蛋为主要原料，辅之纯水、植物蛋白、天然调味料等，经科学配方精制而成，具有豆腐之爽滑鲜嫩，鸡蛋之美味清香，以其高品质、美味、营养、健康、方便和物有所值在消费者中享有盛誉。

（2）红鱼子酱

鱼子酱分黑色和红色两种，黑色的是鲟鱼鱼子，而红色的则是鲑鱼鱼子。通常黑的要比红的贵上许多，鱼子酱含皮肤所需的微量元素、矿物盐、蛋白质、氨基酸和重组基本脂肪酸，不仅能够有效地滋润营养皮肤，还有使皮肤细腻和光洁的作用。在本菜中，红鱼子酱与玉子豆腐的组合既能显示出色彩的协调搭配，又能形成营养的互补。

任务实施

1. 教师解读任务书，布置任务。
2. 学生阅读任务书及任务资料，对不清楚的部分提问。
3. 分组讨论，合作完成任务，写出计划书。
4. 教师讲解范例和演示范例。

菜品盘式设计范例示范（2 课时）

上汤菊花豆腐

原料：

主料：玉子豆腐两盒。

配料：红鱼子酱 25 克。

调料：三吊清汤 1 000 克，精盐 4 克，文蛤精粉 3 克，香菜叶 20 片，火腿汁 15 克。

工艺流程：

玉子豆腐剞花→浸烫→浸汤→蒸制→点缀→成品上席

初加工：

香菜叶洗净沥干水分待用。

切配：

将玉子豆腐批平四面，细剞 4/5 的菊花刀，轻放入 1 大盆汤水中浸泡待用。

烹调：

1. 将三吊清汤加入上述调味，烧沸后分装在 10 只瓷盅里，将豆腐花纹理呈放射状菊花形，轻拖出放入盅，上笼蒸 10 分钟出笼。
2. 将红鱼子酱轻点在豆腐花心中，再漂入两片香菜嫩叶即可。

操作关键：

1. 切配前，一定要确认刀要锋利，否则豆腐容易碎。
2. 剞花刀时要一气呵成，不能中途停顿，否则容易功亏一篑。花刀深度为 4/5，花刀太深会导致豆腐碎裂，太浅花瓣无法张开，影响造型。
3. 装饰、点缀要自然、美观、大方。

菜品特点：

刀法细腻，形象生动，汤清醇厚，咸鲜适口。

任务评价与反馈

上汤菊花豆腐实训操作评价标准（附评分表）：

1. 过程评价

序号	评价内容	评价标准	分值	得分
1	准备工作	原料、工具、餐具等准备得当	10	
2	初加工过程	加工过程合理，姿势、动作到位	20	
3	切配过程	符合切配要求，姿势、动作到位	20	
4	烹调过程	正确掌握火候，姿势、动作到位	20	
5	装盘与装饰	装盘、装饰美观	10	
6	个人卫生	工作衣帽整齐、干净、清洁，符合卫生标准要求	10	
7	环境卫生	整个过程及时打扫环境卫生，环境优良	10	

2. 成品评价

序号	评价内容	评价标准	分值	得分
1	初加工标准	香菜叶洗净	15	
2	切配标准	刀法细腻，花型美观，花瓣均匀，无大量碎渣	15	
3	烹调标准	温度适宜，蒸制时间恰当，汤色清澈	15	
4	口味标准	口味咸鲜适口	15	
5	色泽标准	菊花色泽微黄，花心鲜红，汤色清澄	15	
6	营养标准	营养搭配合理、丰富	10	
7	卫生标准	原料洗涤干净，餐具用具洗涤干净，加工、烹调过程符合卫生要求	15	

扩展提升

玉子豆腐，又称蛋玉晶，起源于日本江户时代，1785年出版的《万宝料理秘密箱》中《玉子百珍》一篇记载了玉子豆腐的制作方法，后传播于东南亚地区，1995年从马来西亚引入中国。玉子豆腐似脂般洁白晶莹，营养丰富，口感滑嫩，香气诱人，味道甜香，四季适宜，是小吃品类的佼佼者，下酒佐餐，充饥皆宜。选择不同口味调料，还可生产麻、辣、酸、甜等多种风味。

巩固与提高

1. 豆腐剞花时需要注意什么？
2. 豆腐花为什么先要在烫水中浸烫？
3. 试一试，如果用炸熘的烹调方法，你能不能做出口味与质感不同的豆腐菜肴来？

总计72课时，其中，机动4课时，复习考试8课时。

参考文献

[1] 陈学智 . 中国烹饪文化大典 [M]. 杭州：浙江大学出版社，2011.

[2] 赵荣光 . 中国饮食文化概论 [M]. 北京：高等教育出版社，2003.

[3] 陈光新 . 烹饪概论 [M].3 版 . 北京：高等教育出版社，2010.

[4] 辛少坤 . 烹饪美学 [M].4 版 . 北京：中国劳动社会保障出版社，2015.

[5] 陈金标 . 宴会设计 [M]. 北京：中国轻工业出版社，2006.

[6] 冯玉珠 . 烹饪概论 [M]. 重庆：重庆大学出版社，2015.

[7] 赵福振 . 烹饪营养与卫生 [M]. 重庆：重庆大学出版社，2015.

[8] 杜立华 . 烹饪营养与配餐 [M]. 重庆：重庆大学出版社 , 2015.